计算利息、地球运动速度和蛋糕的黄金比例

JISUAN LIXI DIQIU YUNDONG SUDU HE DANGAO DE HUANGJIN BILI

31个实验解析数学的奇妙语言

31 GE SHIYAN JIEXI SHUXUE DE QIMIAO YUYAN

[英] 柯林 · 斯图尔特 著 郭园园 译

/ 作者 /

柯林·斯图尔特

柯林·斯图尔特是一位科学演说家和资深科普书作家。他还是英国皇家天文学会的研究员，向超过25万听众讲授过天文知识。他为伦敦数学学会和数学及其应用研究所撰写文章。他的书在全世界已售出超过100,000册。

/ STEAM编辑顾问 /

乔吉特·雅克曼

乔吉特·雅克曼是STEAM综合框架的开发者和创始人，拥有STEAM综合教育、技术、服装设计专业多个学位。她身为STEAM教育机构的首席执行官，为20多个国家和地区提供了众多的教育专业发展课程以及国际政策咨询。

桂图登字：20-2018-003

图书在版编目（CIP）数据

计算利息、地球运动速度和蛋糕的黄金比例：31个实验解析数学的奇妙语言/(英)柯林·斯图尔特著;郭园园译.—南宁:接力出版社,2018.12
（STEAM动手探索系列）
书名原文:Fabulous figures and cool calculations
ISBN 978-7-5448-5701-7

Ⅰ.①计… Ⅱ.①柯…②郭… Ⅲ.①数学—少儿读物 Ⅳ.①O1-49

中国版本图书馆CIP数据核字（2018）第195173号

责任编辑：车　颖　杜建刚
美术编辑：林奕薇　　责任校对：贾玲云
责任监印：刘　冬　　版权联络：王燕超
社长：黄　俭　　总编辑：白　冰
出版发行：接力出版社
社址：广西南宁市园湖南路9号　　邮编：530022
电话：010-65546561（发行部）
传真：010-65545210（发行部）
http：//www.jielibj.com　　E-mail：jieli@jielibook.com
经销：新华书店
印制：深圳当纳利印刷有限公司
开本：889毫米×1194毫米　1/16
印张：5　　字数：60千字
版次：2018年12月第1版
印次：2018年12月第1次印刷
印数：00 001—20 000册　　定价：48.00元

本系列专家顾问团队

刘兵　清华大学教授，中国科协－清华大学科技传播与普及研究中心主任

江晓原　上海交通大学讲席教授，科学史与科学文化研究院首任院长

张增一　中国科学院大学教授，博士生导师，人文学院副院长兼传播学系主任

刘华杰　北京大学科学传播中心教授，中国野生植物保护协会理事

徐善衍　中国科协－清华大学科技传播与普及研究中心理事长

高峰　中国科学院附属玉泉小学校长，新学校研究会副会长

郑良栋　STEAM课程专家、高级顾问

目录

欢迎踏上STEAM学习之旅！ …… 6

加法和减法 …… 8
动手做实验：用计算器求和

乘法和除法 …… 10

正数和负数 …… 12
动手做实验：藏宝挑战

质数和幂 …… 14
动手做实验：找出50以内的所有质数

因数与倍数 …… 16
动手做实验：做一棵活动的因数树吧！

数列 …… 18
动手做实验：音乐数列

有趣的分数 …… 20
动手做实验：分数迷宫

跳进小数的海洋 …… 22
动手做实验：纸牌游戏

完美的百分数 …… 24
动手做实验：记数与分组

测量与近似 …… 26
动手做实验1：小小测量员
动手做实验2：答对了！

钱与利息 …… 28
动手做实验1：硬币游戏
动手做实验2：想要它！想要它！那就去存款！

进入圆的世界 …… 30
动手做实验：如何找到一个圆的圆心

周长、面积与体积 …… 32
动手做实验：如何计算周长、面积和体积

灵活的角 …… 34
动手做实验：制作一个测高仪

奇妙的三角形 …… 36
动手做实验：寻找三角形

毕达哥拉斯定理与三角学 …… 38
动手做实验：毕达哥拉斯定理的应用

二维图形 …… 40
动手做实验：奇妙的角

数字与运算

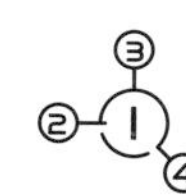

测量

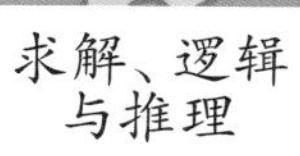

求解、逻辑与推理

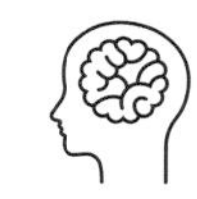

几何

代数

高等数学

数据、分析与概率

交流

平面镶嵌 …… 42

动手做实验：寻找半正则镶嵌

三维立体图形 …… 44

动手做实验：制造你的视错觉

3D奇迹 …… 46

动手做实验1：制造属于你的金字塔

动手做实验2：做一个属于你的正方体

几何变换 …… 48

动手做实验：七巧板

比例 …… 50

动手做实验：制作巧克力脆饼

坐标 …… 52

统计图表 …… 54

动手做实验：宠物扇形统计图

韦恩图与集合论 …… 56

动手做实验：两栖动物

平均数 …… 58

了解数据 …… 60

概率 …… 62

动手做实验：扔色子

有理数和无理数 …… 64

动手做实验：检验π

数学是一门语言 …… 66

函数 …… 68

动手做实验：机器人垫子工厂的挑战

代数与公式 …… 70

动手做实验：直角检验

二进制与计算机 …… 72

动手做实验：探索二进制

推理和证明 …… 74

术语表 …… 76

参考答案 …… 77

欢迎踏上STEAM学习之旅！

STEAM 教育以科学、技术、工程、艺术、数学为核心，对人类知识做出全新的跨学科整合，它对提高孩子的核心素养，培养孩子在未来社会的生存力、竞争力助益良多，意义重大。

“STEAM 动手探索系列”是国内首套 STEAM 教育实践读物，全套书理念清晰，内容设置精准，每册配有 30 个以上的小实验，帮助孩子“玩中学，学中玩”——在有趣、简易的实验中训练解决问题的能力，养成自主探索的品格，让每个孩子都成为独立思考、脑手合一、善于解决问题的小能人、小专家。

科学

在科学课上，你可以研究周围的世界。

卡洛斯和艾拉

超级科学家卡洛斯是超新星、引力和细菌学领域的专家。艾拉是卡洛斯的实验室助手。卡洛斯将要去亚马孙雨林，艾拉可以协助收集、整理和储存数据！

技术

在技术课上，你可以发明新产品和小工具，从而改善我们的世界。

莱维斯和维奥莱特

顶级技术专家莱维斯的梦想是率先乘着宇宙飞船登上火星。天才机器人维奥莱特是莱维斯使用可回收垃圾制造的。

工程

在工程课上，你可以解决实际问题，制造非凡的结构和设备。

奥利弗和克拉克

奥利弗是杰出的工程师，她三岁时就（使用狗粮）建造出她的第一座摩天大楼。克拉克是奥利弗在一次去往埃及吉萨金字塔的旅途中发现的。

数学

在数学课上，你研究数字、测量和形状。

索菲和皮埃尔

数学天才索菲计算出了喜欢吃爆米花的人与喜欢吃甜甜圈的人的比例，这让全班同学刮目相看。皮埃尔是索菲的计算机帮手。他的计算机技能对于解读质数的奥秘有很大帮助。

数学是宇宙的语言，可以描述宇宙中的一切！

数学首先是一种记数的方式，同时还可以描述事物的变化，例如报时、消费、音乐等领域的基础都是数学。当然，数学不仅仅局限于我们常常用到的数字和度量衡等，还包括对结构、逻辑、图形等的研究。数学被视为所有语言的基础，可以描述万物表象下面的本质，例如科学、技术和工程等的本质都是数学。在方程和运算中所蕴含的数学之美，甚至可以与博物馆中最精美的绘画和雕塑媲美。数学是今天社会中每一个人都需要具备的基本知识，例如工程师需要利用数学知识求解问题和制造机械。数学可以分为以下几个主要分支：

数字与运算

研究数字及它们之间的关系

测量

获得实际或抽象事物的量值，例如长度、时间等

几何

研究图形与角

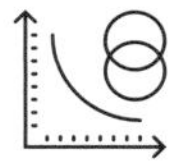

数据、分析与概率

收集并分析数据以发现其中隐藏的信息，或者预报未来的变化趋势

求解、逻辑与推理

通过思考分析掌握问题的核心，做出正确合理的选择

高等数学

统计学、三角学、微积分等理论

交流

数学是一门让所有人之间都可以进行交流的通用语言

代数

用简化的数学符号来代替数字

人们往往会问：我们为什么要学习数学？看似生活中根本用不到数学，但事实上你并没有意识到数学几乎无处不在，甚至当你在争论的时候也会用到数学！这本书将会举出许多生活中应用数学的例子，数学绝非仅仅包含枯燥的方程求解，它还可以使你更加有条理地思考问题，并做出正确的选择。

数学最为重要的地方在于它是你解决问题的方法和工具。数学就像我们“人生游戏”的裁判，它不会说谎，数学永远是数学！数字表现出来的结果可能有好有坏，但是当你需要真正的“事实”时，数学则是一切成功的关键！

让我们开始奇妙的数学之旅吧！

怀揣梦想，祝你成功！

加法和减法

我们在每天的日常生活中经常会遇到各种数量之间的加法和减法运算。下面就让我们近距离地看一下这些看似简单但又无比重要的计算方法吧！

探索开始啦

加上和减去

加法运算就是得到两个或者更多个数量相加时的总和，例如你现在有 3 根香蕉和 2 个苹果，那么你总共有 5（=3+2）个水果。

减法运算指的是从某一数量中取出一部分，得出剩余的量，例如现在有 4 个苹果，你吃掉了 1 个，那么还剩余 3（=4－1）个苹果。

加号

减号

探索加油站

符号

人类使用加减法运算已经有几千年的历史了，但是用来表示加法和减法运算的符号却在不断演变。在大约 2000 年前的古代埃及，人们使用下面的符号表示加减法。而我们今天所使用的加法运算符号“＋”和减法运算符号“－”直至 1518 年才在欧洲一本公开出版的数学书中首次出现。

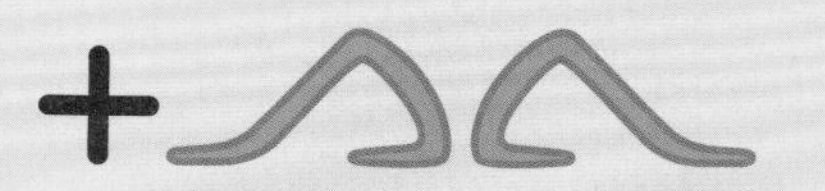

古埃及的加、减符号

你知道吗？

加法的交换性

在加法运算的过程中，相加的两个数字的顺序具有交换性，例如 2+3 与 3+2 的结果都是 5。

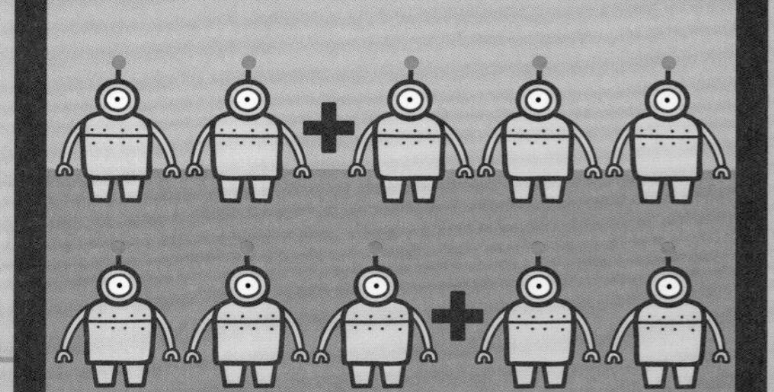

探索开始啦

位值制

我们今天通常采用十进位值制记数系统，某一确定数码的数值主要取决于它所在的数位。在记数的时候，人们通常从 1 写到 9，超过 9 的话，就需要一个“十位”，即在个位的左侧添加一个数位。同理，如果数字超过 99，则需要在十位的左侧再添加一个“百位”，依此类推。

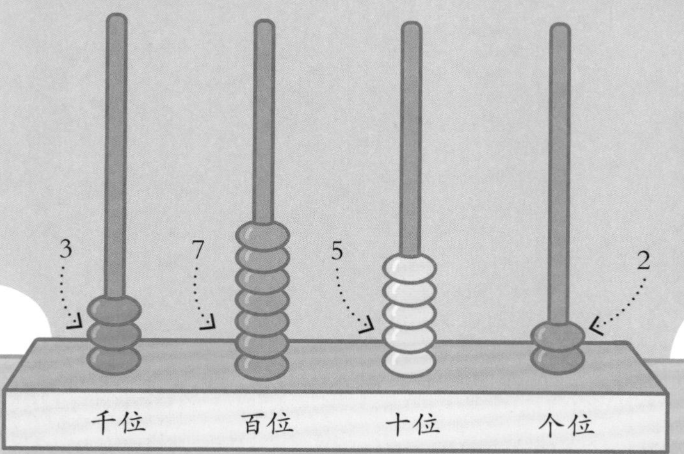

谁是雷科德？

威尔士数学家罗伯特·雷科德（约 1510—1558）发明了我们今天使用的等号“=”。

探索加油站

竖式加法运算

在将两位或多位数字相加时，首先将相加的两个数分上下两行书写，相同的数位要对齐。随后从个位开始，将上下两个数字相加，如果结果等于或者超过 10，则将所得结果的个位数字写在下方对应的位置，将得到的十位数字 1 继续与左侧的十位数字相加，直至计算结束。

十位 个位

$$\begin{array}{r} 56 \\ +27 \\ \hline 83 \end{array}$$

竖式减法运算

竖式减法运算与加法运算相似，首先在上方写出被减数，下方写出减数，相同的数位对齐。从个位数字开始，用上行数字减去下行对应的数字，如果被减数的个位数字小于减数的个位数字，则需要从被减数的十位数字借“1”，相当于个位数字的“10”，如右图所示：

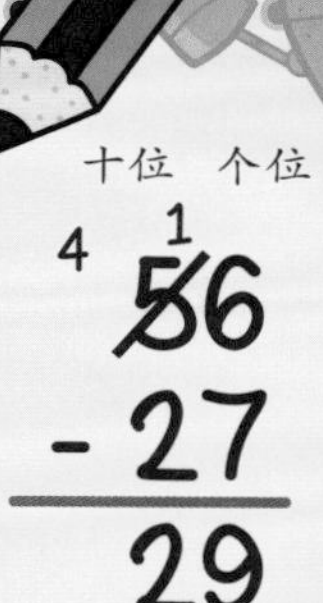

十位 个位

$$\begin{array}{r} 56 \\ -27 \\ \hline 29 \end{array}$$

动手做实验

不知道你注意过没有，如果你在计算器上输入一些数字，然后把计算器倒过来，这时显示器上很可能出现一些你熟悉的单词。

用计算器计算下面的加法，然后把计算器倒过来看看显示器上是哪些动物的名字。

107 + 282 + 215 = ?

88 + 161 + 89 = ?

27432 + 7574 = ?

199 + 198 + 197 + 139 = ?

（答案在书后）

乘法和除法

你已经知道了如何进行加法和减法运算，下面让我们了解一下乘法和除法。乘法本质上就是重复相加，除法本质上就是等分。

探索开始啦

乘法运算

乘法运算相当于快速进行重复的加法运算。例如你现在有 5 个盒子，每个盒子中都有 4 根巧克力棒，如果你要求出这些巧克力棒的总数，通常利用加法这样来计算：4+4+4+4+4=20。但是你一旦掌握了乘法运算，就可以这样来计算：5×4=20。

5×4＝20

探索加油站

事实上我们通常使用的乘号“×”并不是总写出来，有时会用点“·”来代替。在后续学习代数和方程的过程中，未知量用字母“X”来表示。它通常要参与乘法运算，用点表示乘号是为了与字母“X”区分开来。

探索开始啦

除法运算

除法运算指的是将某一整体等分成若干份，求出每一份的数量。例如你现在有 10 根巧克力棒，平均分给 5 个小朋友，那么每个小朋友可以得到：10÷5=2 根。

10÷5＝2

竖式乘法运算和除法运算

多位数之间的乘法运算也可以采用竖式进行。例如现在计算 5×178，首先将两个个位数字相乘，5×8=40，将 0 写在下方个位数字所在列，4 如图写在十位数字所在列的线上。

接下来计算 5×7=35，将其加上 4 得到 39，其中 9 写在结果行中十位数字所在列，3 写在百位数字所在列的线上。随后计算 5×1=5，将其加上 3 得到 8，写在百位数字所在列，因此 5×178=890。

```
  178
×   5
 3 4
-----
  890
```

运用竖式进行除法运算

578÷3，首先写成如下形式：

3)578

将 5 除以 3，商 1，余 2，将 1 写在 5 的上方，将 2 移到十位，加上被除数十位原有数字 7，得到 27，用 27 除以 3，得到 9，将 9 写在 7 的上方。最后将 8 除以 3，商 2，余 2。所以 578÷3=192，余 2。

趣味谜题

乘法运算中的“回文”

“回文”指的是一个单词无论正着写还是反着写都一样，例如：Hannah，Mum，level，racecar 等。甚至有些句子也是如此，例如：Was it a car or a cat I saw?

有些数字同样是回文，例如右图中这些乘法运算，有些乘积就是回文，你能把它们找出来吗？

143×7=？

22×12=？

99×21=？

407×3=？

33×11=？

19×5=？

（答案在书后）

正数和负数

所有大于零的数字都是正数，所有小于零的数字都是负数。在数轴上，每一个正数都与一个负数一一对应，它们互为相反数，且到原点（0）的距离一样远。

探索开始啦

数轴

数轴指的是规定了原点、正方向和单位长度的直线。它有助于我们观察数字的顺序、比较数字的大小。例如在右面的数轴中，它的左侧是负数，向右移动，经过 0 变为正数。

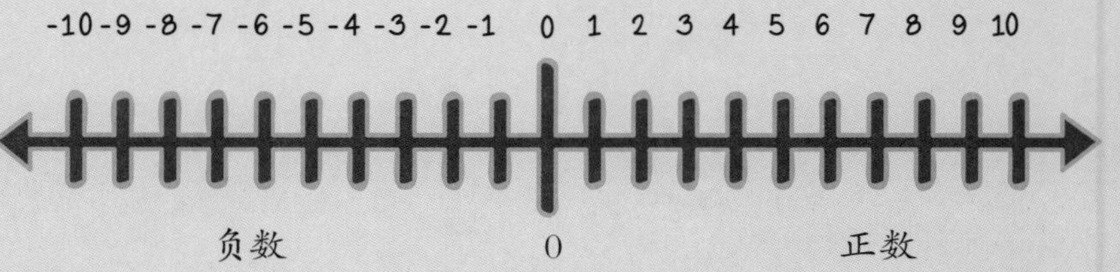

探索加油站

零

数字的产生比较早，例如古人在交换物品时，1 只动物可以换 3 袋谷物。但是零的概念出现得比较晚，因为人们起初不需要数字零，难道用零个桶去换零捆干草吗？这样毫无意义。

你知道吗？

占位符

大约 4000 年前人们才开始使用数字零。起初它的作用是区分数位用的占位符，例如为了区分 74，704 和 740，在具体操作的时候就是把有零的数位空出来就可以。

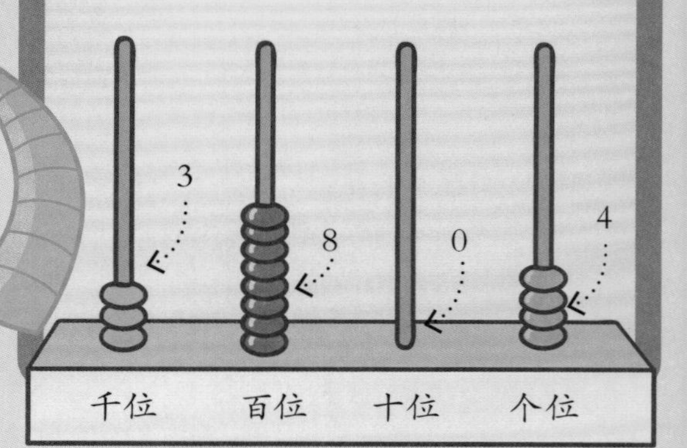

藏宝挑战

假如你是一位海盗船的船长，需要找到一个藏宝的地方。现在你的船来到了一个荒岛，你能为你的战利品找到一个安全存放的地方吗？

你需要准备：

- √ 一个色子
- √ 一支笔
- √ 一个作为计数器的扣子
- √ 一张纸

你知道吗？

在真实的世界中

工程师和专家在安装电话信号塔，建造水坝、水库或风力发电机等工程之前，都需要测量山峰高度、湖泊深度和其他位置的海拔。

200
190
180
170
160
150
140
130
120
110
100
90
80
70
60
50
40
30
20
10
0
-10
-20
-30
-40
-50
-60
-70
-80
-90
-100

你需要知道：

- 海平面是指海水的平均高度，通常我们都会用某物高出或低于海平面的垂直距离来描述或比较高度，也就是海拔。
- 如果你走在海边的沙滩上，你的脚恰好处于海平面上，此时你的脚所处位置的海拔是 0 米。
- 如果你向大海中走去，此时你的脚将处于海平面下方，如果你走到位于海平面下方 1 米的地方，那么你的脚所处位置的海拔是 –1 米。
- 如果你往岸上走，你的脚将会离开海平面，当你到达 1 米高的地方时，你的脚所处位置的海拔是 1 米或 +1 米。

游戏说明：

正的——高于海平面

陆地：为了安全地存放你的宝藏，你需要将它们埋在 100 米深的地下。但是注意，一旦你将它们埋到海平面以下，那么宝藏可就会被浸泡在海水里了。

首先你需要派出 5 名侦察兵去测量附近的 5 座山峰的海拔。测量的方法是每个侦察兵需要对所测量的山峰投出 3 次色子，色子上的每个点代表 +10 米，所有点数之和所代表的就是这座山峰的海拔。(为了方便计算，每当你投完一次色子，把你做计数器用的扣子放在数轴相应海拔位置上。每投完一次，将扣子在数轴上正向移动相应的海拔高度，3 次结束后便得到其中一座山峰的海拔。最后分别记录下 5 座山峰的海拔。)

测量结束后你看看现在有没有山峰的海拔超过 +100 米？如果没有，说明一旦你在这些地方向下挖 100 米来埋藏宝藏的话，它们就会被浸泡在海水里了。如果有，此时挑选一座你喜欢的山峰来埋藏宝藏吧。

负的——低于海平面

海洋：此时你需要派出 5 名侦察兵去测量小岛周围 5 条海沟的深度。测量的方法是每个侦察兵需要对所测量的海沟投 2 次色子，色子上的每个点代表 –5 米，2 次点数之和所代表的就是这条海沟的深度。为了海盗船能安全通过，海沟在海平面以下至少需要 30 米的深度，否则就会搁浅。现在开始测测，哪条海沟能够使海盗船安全通过？（使用数轴和计数器来帮助你。）你现在找到埋宝藏的山峰和安全泊船的海沟了吗？再试一次，看看有没有不同的结果。

质数和幂

质数，又叫素数，是指在自然数中除了 1 和它本身以外没有其他约数的数字，否则叫合数。质数的个数有无穷多，数学家们非常着迷于寻找新的质数。

探索开始啦

被自身整除

数字 1 不是质数，第一个质数是 2，当然它也是唯一的既是偶数，也是质数的数字。剩余的偶数都不是质数，因为它们都可以被 2 整除。

动手做实验

找出50以内的所有质数

下面介绍一种古老的质数筛选法——埃拉托色尼筛选法（Sieve of Eratosthenēs），它可以帮助你找出 50 以内所有的质数。

你需要准备：

- √ 一把尺子
- √ 一支铅笔
- √ 几支彩色铅笔
- √ 一张纸

1. 先用铅笔和尺子仿照第 15 页画出一个 10×5 的表格。
2. 按照顺序写出数字 1—50。
3. 首先，1 不是质数，将这个格子涂上红色。
4. 然后从数字 2（2 本身也是质数）开始，将所有偶数的格子（如 4，6，8 等）都涂上蓝色，它们都是 2 的倍数，所以都不是质数。
5. 数字 3 是质数，但是所有 3 的倍数都不是质数。将所有 3 的倍数都涂上绿色，有些格子已经涂上别的颜色了，就不需要再涂色了。
6. 5 也是质数，将所有 5 的倍数都涂上黄色，如果已经涂上别的颜色了，就不需要再涂色了。
7. 7 是质数，将所有 7 的倍数所在的格子都涂上棕色。
8. 现在看一看那些没有涂色的格子中的数字，它们就是 50 以内的所有质数，总共有 15 个。

埃拉托色尼

埃拉托色尼（约公元前 275—公元前 194）是一位古希腊数学家，他不仅提出了前面提到的质数筛选法，还首次计算出了地球的周长。

探索开始啦

幂

求几个相同因数乘积的运算，叫作乘方，乘方的结果称为幂。例如，你现在计算乘法 2×2×2×2×2，你可以将其写为 2^5，读作 2 的 5 次方，或是 2 的 5 次幂。在 2^5 这个表达式中，2 称为底数，位于右上方的 5 称为指数。

下面是9的5次方的例子：

$$9\times9\times9\times9\times9=9^5$$

你知道吗？

梅森素数

一位名叫马兰·梅森（1588—1648）的法国神父发现许多素数都具有 2^n-1（其中 n 为整数）的形式，例如当 n=2 时，$2^2-1=3$ 是素数，当 n=77,232,917 时，就是 2017 年 12 月发现的目前最大的第 50 个梅森素数——$2^{77,232,917}-1$。

$$2^{77,232,917}-1=?$$

1	2	3	4	5	6	7	8	9	10
11	12	13	14	15	16	17	18	19	20
21	22	23	24	25	26	27	28	29	30
31	32	33	34	35	36	37	38	39	40
41	42	43	44	45	46	47	48	49	50

（答案在书后）

因数与倍数

我们知道，很多数字都是由其他数构成的。一般而言，如果将两个或多个整数相乘，那么这些相乘的数字叫作所得乘积的因数，或者约数。反过来，所得乘积称为这些进行乘法运算数字的倍数。

探索加油站

分解质因数

你已经知道了质数只能被 1 和它自身整除，除质数之外都是合数。另外，将几个整数相乘，这些数字称为所得乘积的约数，或是因数。如果这些因数本身是质数，则将其称为质因数。任何一个合数都是一系列质因数相乘得到的，把一个合数分解成若干质因数的过程叫作分解质因数。

12的质因数为2和3（12 = 2 × 2 × 3）

探索开始啦

因数树

你可以将任何一个数字分解质因数并画出一棵因数树。从要分解的数字分出一些树杈引出其他因数，这些因数都可以整除原来的数字。同理将所得的因数继续分解直至不能再分解为止。通常我们首先将需要分解的数字除以 2，因为 2 是最小的质数。

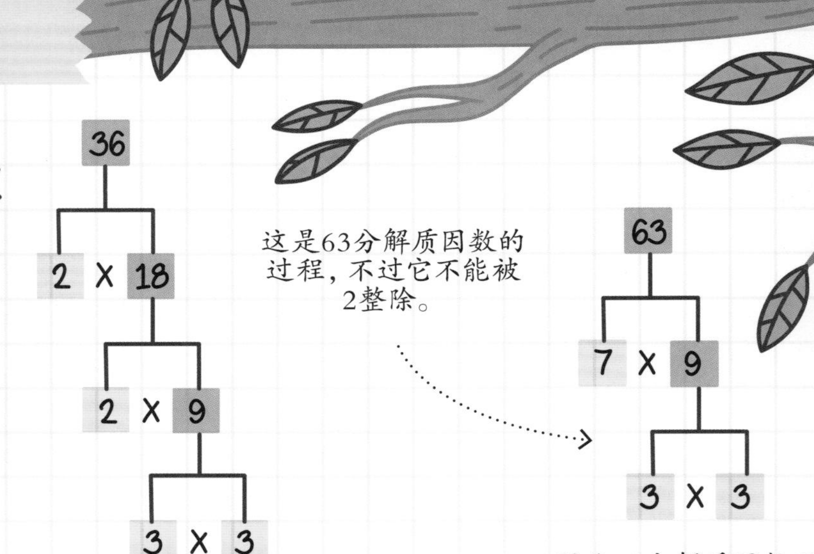

所以36分解质因数可以写成36=2×2×3×3。

因此63分解质因数可以写成63=3×3×7。通常分解后的质因数按照从小到大的顺序书写。

动手做实验

做一棵活动的因数树吧！

现在让我们按照前面的方法做一棵活动的彩色的因数树吧。下面来看看你应该怎样做。

你需要准备：

- √ 一名成人助手
- √ 一张纸
- √ 彩色的纸板或是硬纸片（如果是白纸的话，你需要在上面涂上颜色）
- √ 几支彩笔
- √ 三个大小不同的圆形物品
- √ 丝带
- √ 剪刀

1. 首先选择一个你需要分解质因数的数字，然后按照前面的方法将它分解质因数，并在纸上分别写出它的因数。
2. 利用最大的圆形物体在纸板上画出一个大圆，并用剪刀把它剪下来，同时用笔把你需要分解的数字写在上面。
3. 利用中等大小的圆形物体在纸板上画出几个中圆，把它们剪下来，并写上还可分解的因数。
4. 利用最小的圆形物体在纸板上画出几个最小的圆，把它们剪下来，并写上质因数。
5. 请助手帮忙在最大的圆、中圆和小圆上，如上图穿几个小洞。
6. 把丝带从这些小洞中穿过去，将这些圆形纸板按照分解的顺序连接起来吧！

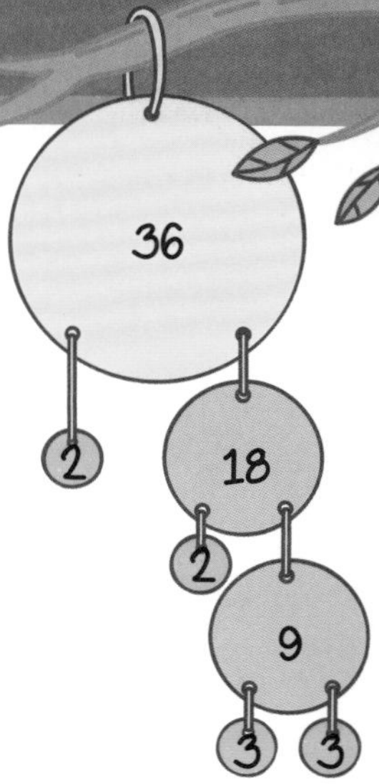

36 2 18 2 9 3 3

探索加油站

最大公因数

在将两个数字分解质因数的过程中，很有可能求出它们的最大公因数，也称最大公约数——两个或多个整数共有约数中最大的一个。比较常用的求最大公因数的方法是将它们分别分解质因数，然后把所有的质因数按照一定的顺序排列起来，观察后用相乘的形式写出来。例如 36=2×2×3×3，63=3×3×7，所以它们的最大公因数是 3×3=9。

探索开始啦

倍数

如果你将一个数乘以一个整数（注意不是分数，我们将会在第 20 页学到分数），得到的结果就是原来数字的倍数。例如 5 的倍数有：

5（5×1），10（5×2），15（5×3），20（5×4），25（5×5），等等。

如果两个或两个以上的数字有相同的倍数，这些倍数就是它们的公倍数，例如 2 和 3 的公倍数有 6，12，18，24 等。这些公倍数中最小的，就称为最小公倍数。分解质因数是求最小公倍数的常用方法。

我们还是以 36 和 63 为例，求它们的最小公倍数。其中 36=2×2×3×3，63=3×3×7，2 最多出现了 2 次，3 最多出现了 2 次，7 最多出现了 1 次，所以 36 和 63 的最小公倍数是 2×2×3×3×7=252。这种方法是不是很巧妙？

现在你知道质数的作用了吧？难怪数学家们将质数称为构成数学的基石！

数列是一列有序的数，数列中的每一个数都叫作它的项。在数学的世界中有许多有趣的数列。

探索开始啦

斐波纳奇数列

斐波纳奇数列是一个非常著名的数列，其前面几项的排列如下：1，1，2，3，5，8，13，21，34，55…你能观察出它的排列规律吗？如果你看出来了，再添加几项吧!

你知道吗？

黄金比例

随着斐波纳奇数列中项的增加，如果你将其中任意相邻两项相除，便会发现结果越来越接近 1.618。

例如 21÷13 ≈ 1.615，55÷34 ≈ 1.618。这一数字就是数学上著名的黄金比例（详见第 65 页）。

探索加油站

数型

让我们看一些其他的著名数列。

1.三角形数，如图，它们可以用三角形点阵表示：

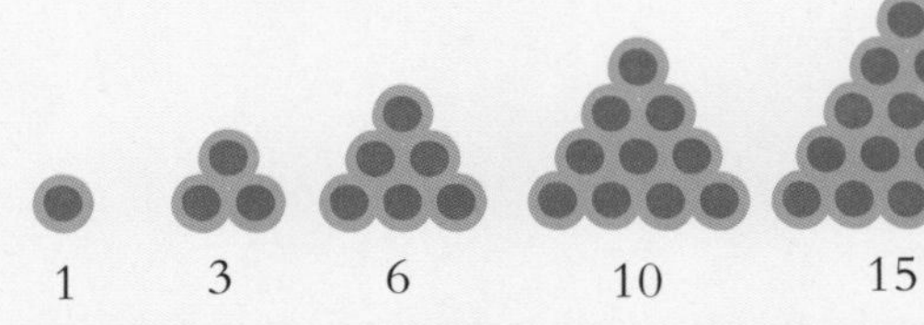

1　3　6　10　15　21等

2.正方形数，如图，它们可以用正方形点阵表示：

$1^1=1$　$2^2=4$　$3^2=9$　$4^2=16$　$5^2=25$

斐波纳奇

前面所述著名的数列是由意大利数学家比萨的莱昂纳尔多（约 1170—1240）发现的，他还有一个大家都熟悉的名字叫斐波纳奇。他还将我们今天所使用的阿拉伯数字从阿拉伯世界介绍到了欧洲。

音乐数列

你注意到了吗？我们每天欣赏的音乐就是由数列构成的。在下面的游戏中，你和朋友可以利用不同的音阶创造一些数列，将它们演奏出来，没准儿就是动人的旋律！

说明：

·全音符相当于 4 拍

·二分音符相当于 2 拍

·四分音符相当于 1 拍

全音符				
二分音符				
四分音符				

全音符				

1 首先唱一个全音符，在你的头脑中记为 4 拍。

全音符				
二分音符				

2 然后让你的朋友在第 2 拍和第 3 拍时唱另一个音符。

全音符				
二分音符				
四分音符				

3 接下来，在第 2 拍和第 4 拍时再唱一个不同的音符。

全音符														
二分音符														
四分音符														

4 将上面的组合重复三次，这时你就创作了一个音乐数列，将它们演奏出来吧。当然你和朋友也可以稍加改变，试试其他的旋律。

你知道吗？

数列在音乐中的运用

在乐谱中，每一种乐器或是声音都有特定的音轨，所有不同的音轨通过特殊的设备整合在一起。即便是许多音乐家在一起演奏时，他们也必须始终清楚各自演奏的时间和顺序，这样才能获得理想的演奏效果。

有趣的分数

分数可以直观地表示部分在整体中所占的比例。

探索开始啦

分子与分母

以分数 $\frac{1}{2}$ 为例，中间的短线称为分数线，分数线上方的数字是分子，下方的数字是分母。分数本身也可以视为除法运算，它可以表示一个整数被平分的结果。例如，一个数或者一个量的 $\frac{1}{2}$，可以视为将其除以 2。同理，某数或某量的 $\frac{1}{8}$ 可以视为将某数或某量除以 8，依此类推。

你知道吗？

"打碎"

分数一词"fraction"源于拉丁文单词"fractio"，原意是"打碎"，你可以将其理解为把一个整体分成若干小的部分。例如你可以说你们班 $\frac{2}{3}$ 的同学喜欢吃巧克力，剩余 $\frac{1}{3}$ 的同学更喜欢吃冰激凌。

$\frac{1}{3}$ 的同学喜欢吃冰激凌

$\frac{2}{3}$ 的同学喜欢吃巧克力

探索加油站

分数的化简

有些分数，尽管它们的形式不同，但是大小却是相等的。例如，你将一块蛋糕 6 等分，其中的 $\frac{2}{6}$（也就是其中 2 块）在数量上与整块蛋糕的 $\frac{1}{3}$ 是相同的。

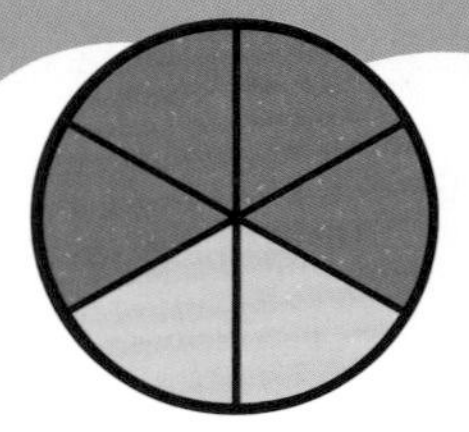

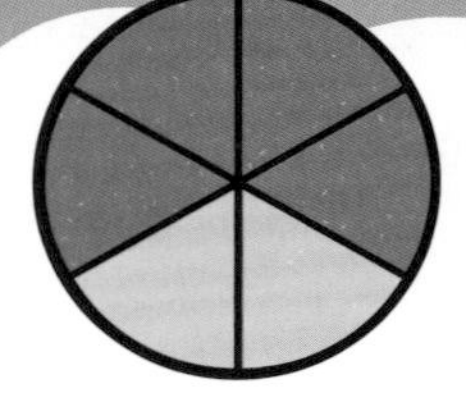

一旦你理解了上面的概念，你就可以进行分数的化简了。例如现在要化简 $\frac{4}{16}$，你首先要找出能够同时整除分数的分子与分母的数字，在这个例子中，4 和 16 都能够被 2 和 4 整除，所以这个分数可以进行如下化简：

$$\frac{4}{16}=\frac{2}{8}=\frac{1}{4}$$

你知道吗？

分数的比较

有时你需要比较两个异分母分数的大小，例如$\frac{2}{5}$和$\frac{3}{8}$，下面教你一种简单的方法。

1. 将两个分母相乘得到一个新的分母，本例中$5\times8=40$。
2. 将每一个分数的分子分别乘以另一个分数原来的分母，得到新的分子，分子分别为：$2\times8=16$和$3\times5=15$。
3. 比较两个分数（$\frac{16}{40}$和$\frac{15}{40}$），很明显前者大，所以$\frac{2}{5}$大于$\frac{3}{8}$。

动手做实验

分数迷宫

有一个孤独的外星人驾驶着飞船在宇宙中迷路了，她来到地球寻求帮助，想要找到回家的路。你能帮助她吗？（提示：走出下面分数迷宫的秘诀是找出其中分数从小到大的正确顺序。）

（答案在书后）

跳进小数的海洋

与分数类似，小数也是两个相邻整数之间数字的常用表达方式。小小数学家们，让我们跳进小数的海洋里畅游吧！

探索开始啦

小数系统

小数相邻两个数位之间是以 10 为进制。例如在数轴上把整数 5 和 6 之间的部分十等分，就可以用小数 5.0，5.1，5.2 直至 5.9 来表示。当然 5.1 与 5.2 之间的部分可以继续十等分，分别得到 5.10 至 5.19。

78.84

个位

十位

百分位($\frac{1}{100}$)

十分位 ($\frac{1}{10}$)

小数点

2 1.9 1.8 1.7 1.6 1.5 1.4 1.3 1.2 1.1 1 0.9 0.8 0.7 0.6 0.5 0.4 0.3 0.2 0.1 0

探索加油站

小数的运算

小数之间也可以像整数那样进行竖式加减法运算。

$$\begin{array}{r} 5.2 \\ +3.7 \\ \hline 8.9 \end{array}$$

涉及小数的乘法运算也可以运用竖式乘法运算。如果参与运算的两个数字中总共有一个数字位于小数点之后，那么在乘积中也有一个数字位于小数点之后。如果参与运算的两个数字中总共有两个数字位于小数点之后，那么在乘积中也有两个数字位于小数点之后，依此类推。

$$\begin{array}{r} 5.2 \\ \times_1 7 \\ \hline 36.4 \end{array}$$

如果将一个小数乘以 10，相当于将它的小数点向右移动一位。如果将一个小数乘以 100，相当于将它的小数点向右移动两位，依此类推。

$40.6 \times 10 = 406$

$40.6 \times 100 = 4060$

内皮尔

对数的发明者苏格兰数学家约翰·内皮尔（1550—1617）使得小数点的应用越来越流行。

你知道吗？

十进制

你有没有想过为什么我们通常的记数系统是十进制，而不是8或者12进制呢？例如小数就是如此。历史学家通常认为这是由于人类的双手共有10根手指。

动手做实验

纸牌游戏

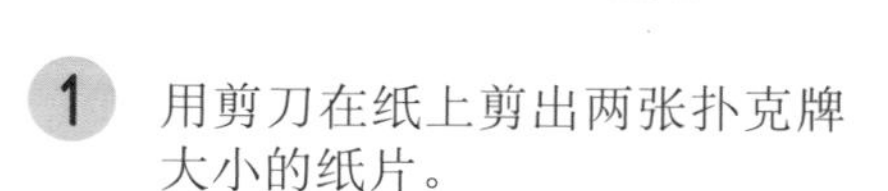

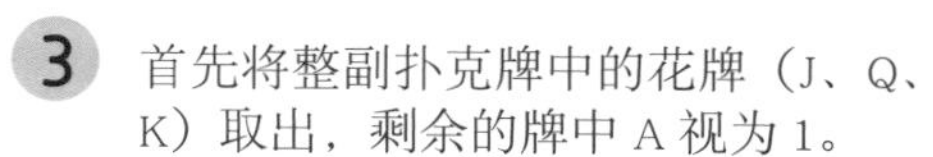

在下面的游戏中你可以运用所掌握的小数知识来击败你的对手，加油！

你需要准备：

- √ 一张纸
- √ 剪刀
- √ 一支笔
- √ 一副扑克牌

1. 用剪刀在纸上剪出两张扑克牌大小的纸片。
2. 分别在上面写出“0.”，并给每位玩家一张。
3. 首先将整副扑克牌中的花牌（J、Q、K）取出，剩余的牌中A视为1。
4. 洗牌，然后玩家轮流从上面抓一张牌，摆放在标有“0.”的纸牌旁边，并记录所得数值。例如你抓的牌是5，那么得到的数值是0.5。
5. 重复第4步，每个玩家将所得到的牌的数值累加，第一个达到0.9的玩家记1分。一旦有玩家手中牌的数值达到或超过0.9，那么他手中的牌将被放在旁边，然后继续抓牌。
6. 如果所抓的牌为9或者10，则直接记1分，并重复上面的步骤。
7. 重复上面的步骤直至所有的牌抓尽，现在看看谁的分数最高，谁将获胜！

完美的百分数

百分数是另外一种描述部分占整体比例的常用表达方式，例如一次表决的通过率或明天降雨的概率通常都用百分数来表示。

探索开始啦

百分数

百分数，顾名思义就是分母是100的分数，例如68%的人每月要去看一次电影，指的是每100个人中就有68个人会这样做。

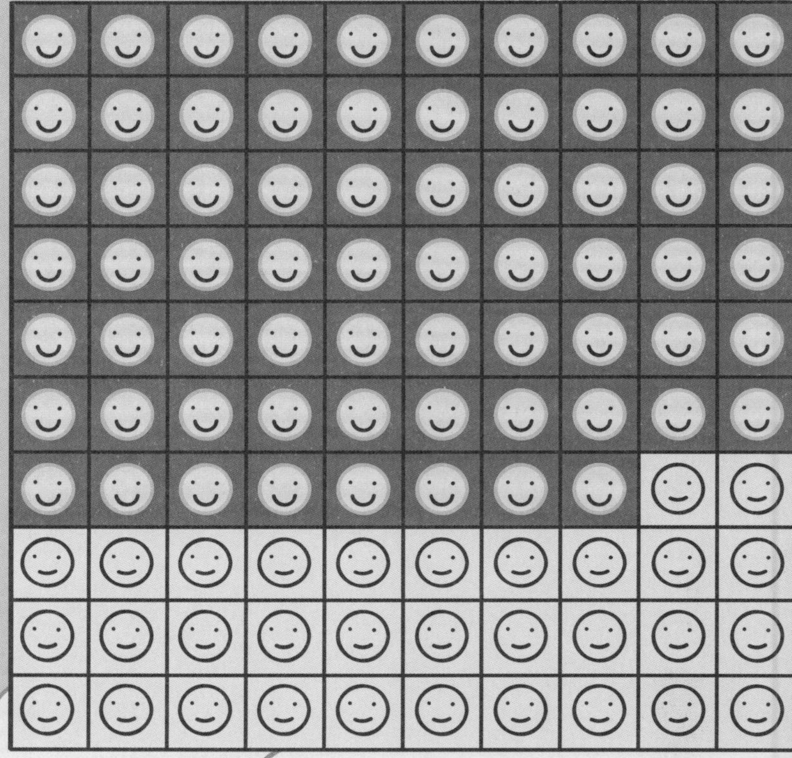

把100平均分成100份，其中68份有阴影

探索加油站

百分号 %

大家仔细观察一下百分号“%”，其中有两个零，就像是100，中间有一条斜线“/”表示“每”。除此之外，类似的符号还有千分号“‰”和万分号“‱”，当然这两者并不是很常用。

探索开始啦

增加和减少的百分数

百分数通常也会用来描述某些数据的增加和减少。例如一件衣服降价10%销售，或是一盒曲奇涨价5%，这样变化之后价格是多少钱呢？把百分数转化为小数来进行运算就很容易了，例如一辆自行车原价100元，现在涨价20%，那么现在的价格就是100×1.20=120元。

运动员们经常会说：“我已经付出了110%的努力！”但事实上他付出的努力不可能超过100%。他的意思是已经尽力了。但有些时候百分数是可以超过100%的，例如将数字70增加200%，最后得到210，这时200%是有意义的。

动手做实验

记数与分组

百分数可以让我们将整体中的一部分与整体做比较，形式如下：

$$\frac{\text{数字}}{100} = \frac{\text{某部分的数量}}{\text{整体的数量}}$$

通常在记数的时候，你会发现某些个体具有共性，它们就可以被归为一部分，这样整体就可以分为若干部分。

例如，现在一个整体有25个个体，其中10个个体可以划分为一部分，这样该部分在整体中的占比就可以表示为：

$$\frac{10}{25} = \frac{40}{100}\ （或\ 40\%）$$

如果整体中有若干部分，你可以利用每一部分在整体中的占比将它们进行比较。对于数量较大的整体，求出每一部分的百分比实际上是一种常用的分析数据的方法。

整个群体中个体的数量总和称为“整体”

有共性的个体组合简称为“部分”

以100为基数

你需要准备：

- √ 笔
- √ 纸

1. 你需要做一些调查，看一看下面这些种类的物品整体中所包含个体的数量：
   - 你所拥有衣服的颜色
   - 冰箱里食物的种类
   - 你书包中的文具

2. 将下面的表格补充完整吧！

整体的名称	整体中个体的数量	A部分所包含个体的数量	B部分所包含个体的数量	A部分在整体中所占的百分比	B部分在整体中所占的百分比	A和B哪一部分多？

测量与近似

测量是你需要掌握的一种非常重要的技能，从烹饪食材的称重，到建筑、科学、金融，生活的方方面面几乎都涉及测量。

探索开始啦

单位

你进行测量时，首先需要了解计量单位。例如你在测量长度时，得到的结果是100，那么它究竟是厘米、米，还是光年？因此计量单位非常关键！

	长度	厘米（cm）	米（m）1m=100cm	千米（km）1km=1000m
	重量	克（g）	千克（kg）1kg=1000g	吨（t）1t=1000kg
	时间	秒（s）	分钟（min）1min=60s	小时（h）1h=60min

探索加油站

公制与英制

世界上大多数国家和地区采用公制计量单位，例如1千米（或称1公里）等于1000米，1米等于100厘米等。而英制单位是欧美国家还在使用的旧计量单位体系，它包括英寸、英尺、英里、磅等。

1米≈3.28英尺

1千米≈0.6英里

千米

0001.0

英里

0000.6

动手做实验1

小小测量员

下面你将进行一些实际的测量操作，同时还需要掌握公制单位结果与英制单位结果的换算。

你需要准备：

- √ 一张纸
- √ 一支笔
- √ 一把同时刻有公制和英制单位的直尺
- √ 一个朋友

你需要知道：

常用公制单位和英制单位的换算关系：

- ·1厘米≈0.394英寸
- ·1米≈3.28英尺

1. 首先列出你需要测量的身体部位的名称——手、脸、嘴、耳朵和胳膊。
2. 用直尺刻有公制单位的一侧分别量这些部位的长度，并将结果记录下来，可以请朋友帮忙。
3. 再用刻有英制单位的一侧分别量这些部位的长度，并将结果记录下来。比较两次测量结果，是否符合1厘米≈0.394英寸。

探索开始啦

要精确数位的下一位数字小于5时，直接舍去后面数字

要精确数位的下一位数字大于等于5时，舍去后面数字时，所精确数位加1。

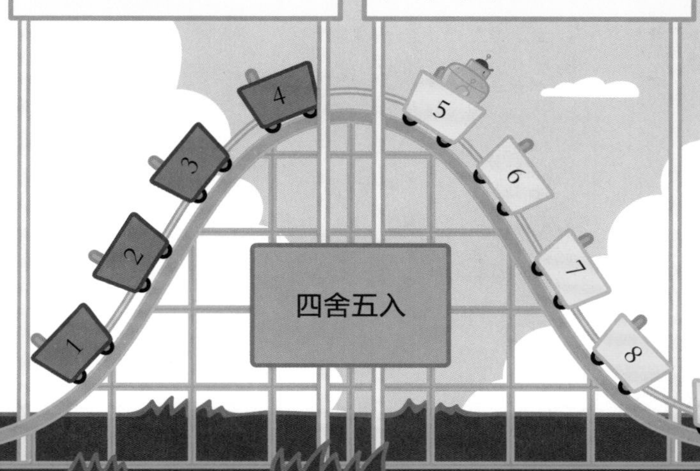

四舍五入

在我们的日常生活中通常不需要过于精确的数值，有些近似结果就已经足够用了！例如，你通过精确的测量方式得出某物的重量是7.85772372kg，但通常只需要精确到小数点后面一位就可以了。观察小数点后面第二位数字，如果大于等于5，就需要在小数点后面第一位数字上加1，后面的数字全部舍去。如果第二位数字小于5，则小数点后面第一位的数字保持不变，后面的数字全部舍去，所以上面的重量约等于7.9kg。

动手做实验2

答对了！

下面的游戏需要两位玩家，尽全力击败你的对手吧！

抄写右侧的表格，每个玩家各一份。准备一个色子，每个玩家轮流投掷两次，两次的结果可以记为一个小数。例如你两次投出的点数分别是2和1，那么这个小数是2.1，在右侧的表格中找到与它最接近的数字并将其划掉，第一位将表格中所有数字都划掉的玩家获胜！

1.0	1.5	2.0	2.5
3.0	3.5	4.0	4.5
5.0	5.5	6.0	6.5

钱与利息

将钱存放在不同的地方，你所获得的收益是不同的。小小数学家们，让我们来看一看本金是如何获得利息收益的！

探索开始啦

钱与货币

每个国家都有自己的流通货币，通常纸币代表较大的货币单位，硬币代表较小的货币单位。例如 1 美元（货币符号 $）等于 100 美分，1 英镑（货币符号 £）等于 100 新便士。

动手做实验1

硬币游戏

你能解答下面的硬币谜题吗?

你需要准备:

- √ 15个1元硬币
- √ 4个小钱袋

现在要将 15 个 1 元硬币装在 4 个小钱袋里，要求在购买任意价值 1 元至 15 元的商品时，只需要几个小钱袋之间的组合就可以，而不需要将钱从钱袋里取出。例如第一个小钱袋中有 1 元，第二个小钱袋中有 2 元，现在购买价值 3 元的商品，你只需要将这两个钱袋拿出来就可以。你能做到吗?

探索加油站

简单的利息计算

如果你在银行开了一个账户并且存了一定数额的钱，银行就会支付给你利息。那么利息是如何计算的呢？你首先需要了解利率，它是一个百分数。例如存款的年利率是 2%，你在银行定期存款 100 元，那么一年后银行会支付你本息共计 100×102%=100×1.02=102 元。

动手做实验2

想要它！想要它！那就去存款！

你现在来计算一下，存款 10 年你会得到多少利息？

你需要准备：

√ 一个计算器

你需要知道：

利息的计算公式

$$I=P\times R\times T$$

其中，I 表示存款将会获得的利息；

P 表示你存在银行的本金；

R 表示存款利率；

T 表示存款年限。

假如你在银行存入 100 元，5 年期定期存款的年利率是 3.5%，那么 5 年后你将会得到 100×3.5%×5=100×0.035×5=17.5 元的利息。

现在你在银行存入 500 元，如果定期存款的年利率是 2.5%，你在银行存款 10 年，用你的计算器计算一下，你将会得到多少利息？

趣味谜题

强盗谜题

有一个小偷在商店放钱的抽屉里偷了 100 块钱且没有被主人发现，然后他用这 100 块钱买了 80 元的商品，店主找了 20 块钱给小偷。请问店主一共损失多少钱？

（答案在书后）

进入圆的世界

圆是数学中最重要的图形之一，古希腊数学家们将圆称为最完美的图形。下面让我们走进圆的世界，看看你是否同意这个说法。

你知道吗？

首先让我们了解一下圆中各部分的名称。圆中最重要的就是直径——通过圆心且两端点都在圆周上的线段；半径——圆心与圆周上任意点之间的线段；圆周长指的是圆周的长度。

其他重要的线段还有弦——两端点都在圆周上的任意线段；与圆周相交于两点的直线称为圆的割线；与圆周仅相交于一点的直线称为圆的切线。

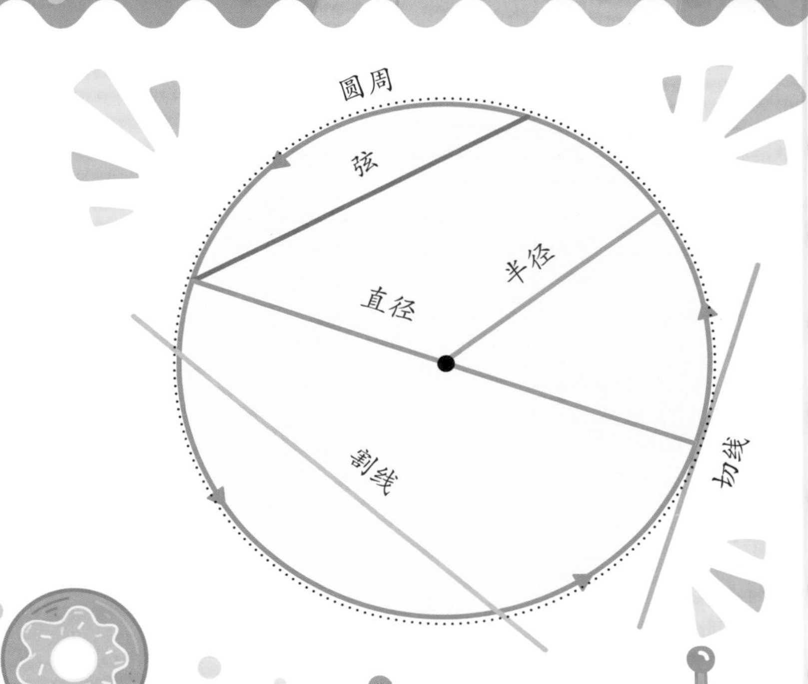

探索开始啦

圆周率——π

圆周长与其半径有一种特殊的比例关系，将圆周长除以 2 倍半径，结果永远等于 3.14159…我们将其称为圆周率，用希腊字母 π 来表示。也就是说，无论是硬币大小的圆周，还是宇宙中行星的近似圆形的轨道，圆周长恒等于 2× 半径 ×π，你将在第 64 页了解更多相关内容。

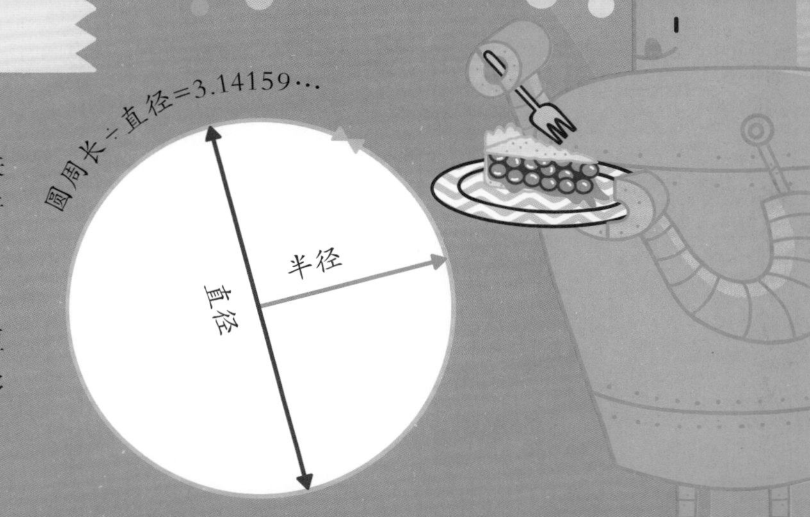

你知道吗？

完美的滑轮

看看你的周围，到处都可以找到圆的影子，太阳、月亮、花朵、钟表，甚至你吃饭使用的盘子都是圆形的。人们利用圆的特性发明了许多重要的工具，例如车轮、齿轮和滑轮等。

人类使用滑轮的历史久远，它可以帮助人们省力地提起重物。滑轮是一个周边有槽，同时可以围绕转动轴转动的轮子，周边的槽可以固定围绕滑轮的绳索，通过绳索你可以将负载的重物提起。如右图所示，这是一个由下部的动滑轮和上部的定滑轮组成的滑轮组，由于重物是由两根绳子吊起，因此滑轮组可以让你更省力地将重物提起。但是它并不能帮你省功，因为你做功的距离是重物提起距离的两倍。

日常生活中的滑轮装置也是随处可见，它们被广泛应用于起重机、自动扶梯和升降电梯等装置中。

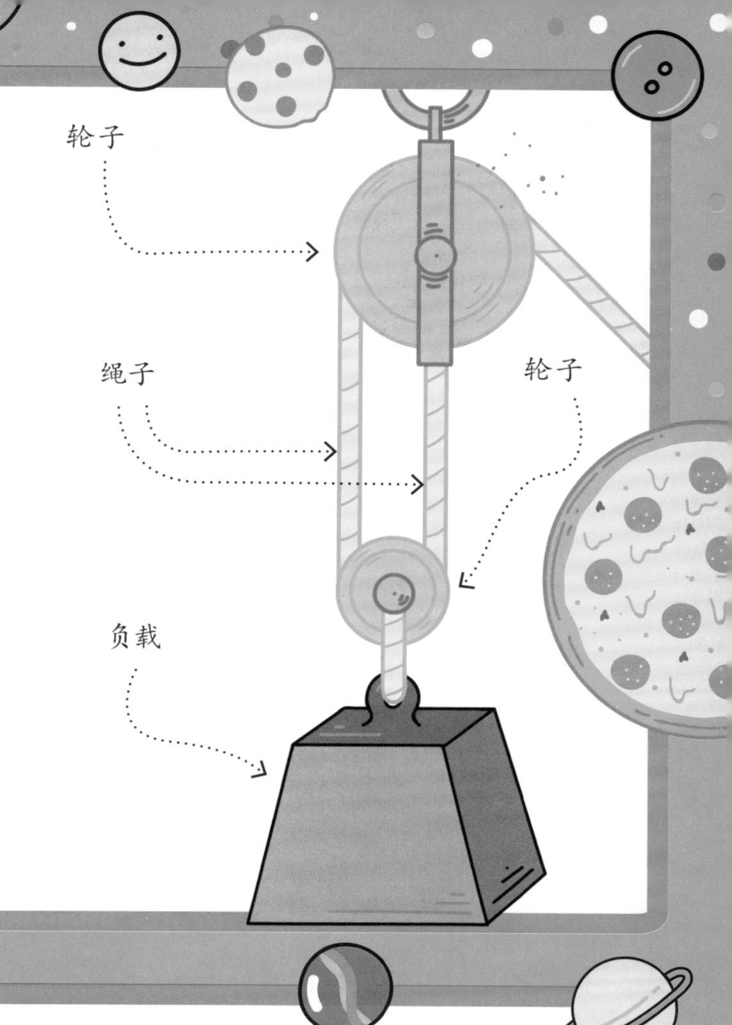

动手做实验

如何找到一个圆的圆心

如何才能精准地找到一个圆的圆心呢？下面教你一种简单的方法。

你需要准备：

- √ 一张纸
- √ 一支铅笔
- √ 一把直尺
- √ 一个日常生活中的圆形物体（其直径要小于你的直尺）

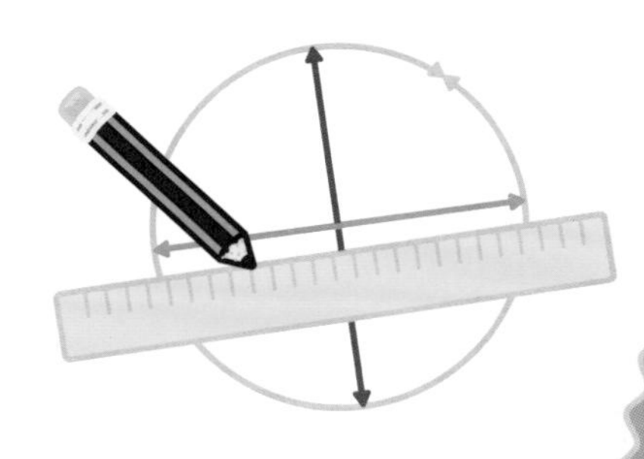

1 围绕这个圆形物体的边缘在纸上画出一个圆。

2 将直尺的一端置于圆周上并用一只手固定，旋转尺子的另一端，这时尺子另一端与圆周相交所显示的距离会发生变化。当长度变为最长时，用铅笔沿直尺画一条顶点在圆周上的线段，这就是圆的直径。

3 重复第 2 步，经过圆周上的另外两点画出一条最长的线段，此时两条线段的交点就是圆心。

你知道吗？

圆面积

圆周率 π 表示圆周长与直径之间的比，你同样可以利用 π 和半径（r）来计算圆的面积：

$$\pi \times r \times r \text{ 或 } \pi r^2$$

周长、面积与体积

如何来描述一个物体的大小呢？数学家们给出了一套精确描述物体大小的方法，下面让我们来看一看！

探索开始啦

1D、2D、3D

图形的周长指的是组成这个图形所有的边的边长之和，其度量单位是一维长度单位，例如厘米（cm）。图形的面积是其周长内部的二维平面的大小，它的度量单位有平方厘米（cm^2）等。体积指的是一个三维物体在空间中所占量的多少，它的度量单位有立方厘米（cm^3）等。

周长=5cm+5cm+7.5cm+7.5cm=25cm

你知道吗？

检查数据

我们经常会遇到周长、面积或体积的计算问题，但是要注意结果的单位是有区别的。例如 cm（实际上是 cm^1）是一维（1D，D=dimensional）的长度单位，cm^2 是二维（2D）的面积单位，cm^3 是三维（3D）的体积单位。

10 cm

5 cm

面积= 5 cm x 10 cm = 50 cm^2

如何计算周长、面积和体积

你可以利用公式计算图形的周长、面积和体积。

常用周长公式：

- 正方形周长 = 4 × 边长
- 长方形周长 = 2 × 长边 + 2 × 短边
- 圆形周长 = 2π × 半径

常用面积公式：

- 正方形面积 = 边长^2
- 长方形面积 = 短边 × 长边
- 圆形面积 = π × 半径^2

常用体积公式：

- 球体体积 = 4÷3× π × 半径^3
- 正方体体积 = 棱长^3
- 长方体体积 = 高 × 长 × 宽
- 圆柱体体积 = π × 半径^2 × 高

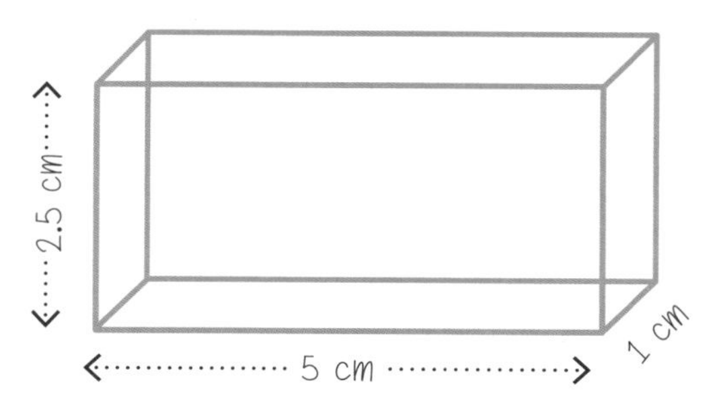

体积 = 5 cm x 2.5 cm x 1 cm = 12.5 cm^3

趣味谜题

生日蛋糕

假如你现在想做一个上表面周长是 81cm 的柱体生日蛋糕，为了给生日蛋糕插上蜡烛，你需要使其上表面的面积最大，那么你是要将蛋糕的上表面做成圆形、正方形还是长方形呢？

圆柱体生日蛋糕

趣味谜题

地球移动的速度有多快？

地球在距离太阳约 1.496 亿公里的近似圆形轨道上转动，假如这条轨道是一个标准的圆形，你现在计算一下这条轨道的周长。地球走完这条轨道的时间是一年，那么你能算出地球每小时要走多远吗？（提示：一年中有 8766 小时。）

地球

（答案在书后）

希波克拉底

（希俄斯的）希波克拉底（约公元前 460—公元前 370）是一位古希腊数学家，他首先发现了圆的面积与其半径平方之间的关系。

灵活的角

两条直线相交就会形成角。角的度量单位是度，符号是“ ° ”，例如一个圆周是 360 °。

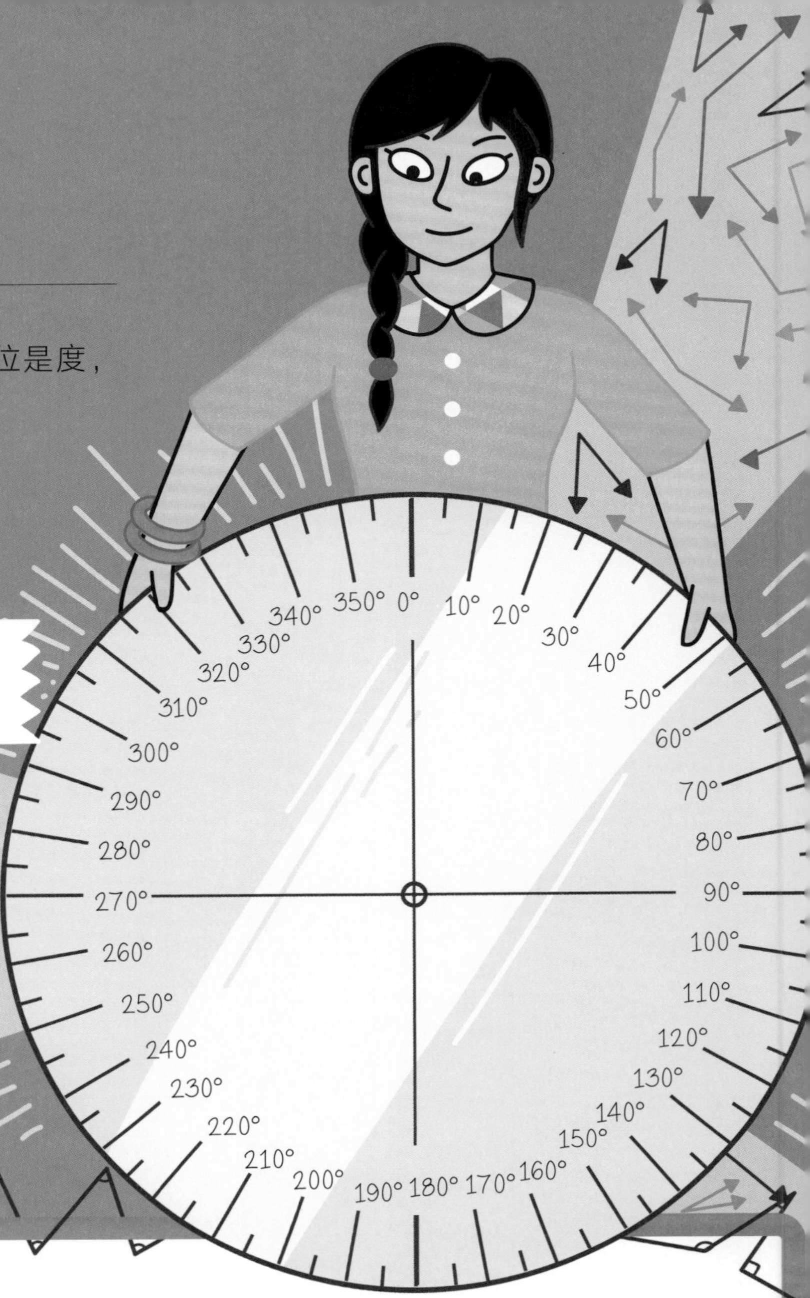

探索开始啦

仔细观察

如果你在原地转一圈，相当于转了 360°；转半圈，相当于转了 180°；转四分之一圈，相当于转了 90°。你可以利用量角器更为精确地测量角度的大小。另外，数学家们对不同大小的角进行了分类，并取了不同的名称，下面我们来看一下。

探索加油站

角的分类

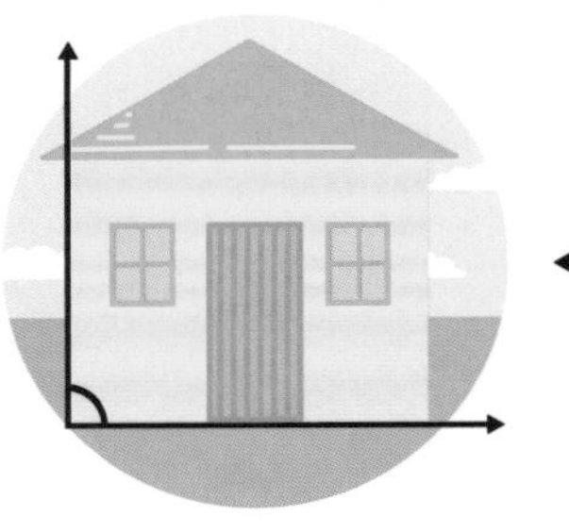

直角

等于90°的角称为直角。

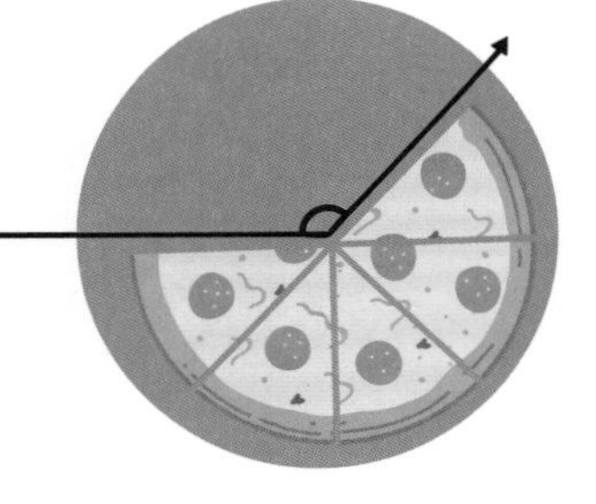

钝角

处于90°和180°之间的角称为钝角。

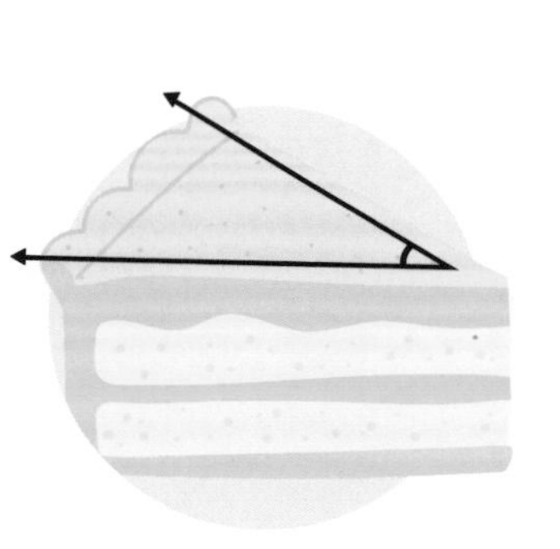

锐角

小于90°的角称为锐角。

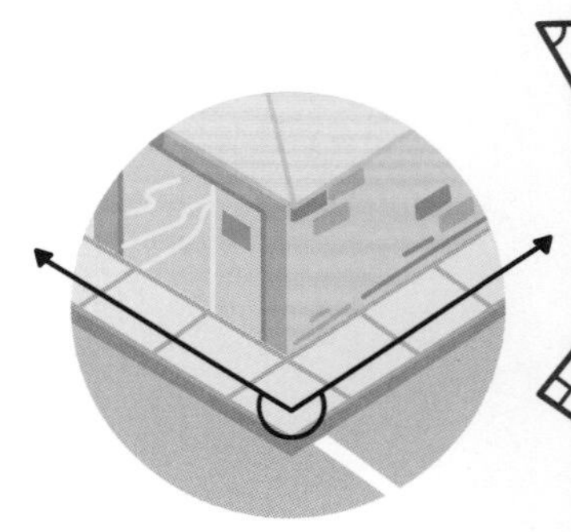

优角

处于180°和360°之间的角称为优角。

动手做实验

制作一个测高仪

你应该如何测量树木或是建筑物这样较高的物体的高度呢？按照下面的方法，制作一个测高仪，它可以巧妙利用角度的特性来测量这些物体的高度。

你需要准备：

- √ 一张正方形的纸板
- √ 一卷胶带
- √ 一根吸管
- √ 一个小的重物（比如螺丝帽）
- √ 一根绳子
- √ 一根针
- √ 需要测量其高度的树木或是建筑物，但是其周围要有较宽阔的空间

1. 首先将正方形纸板沿其对角线对折，然后用胶带固定。

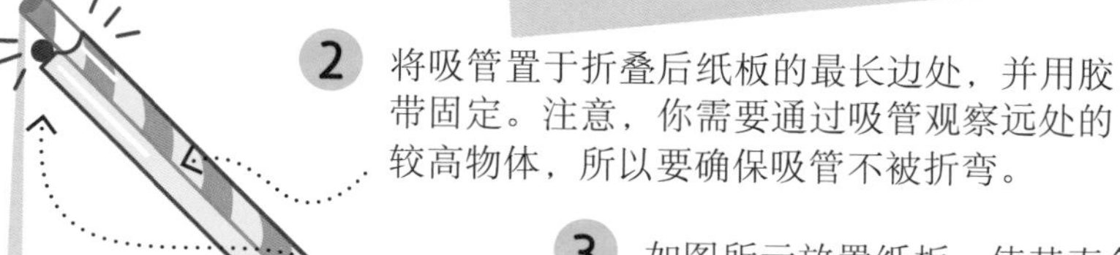

2. 将吸管置于折叠后纸板的最长边处，并用胶带固定。注意，你需要通过吸管观察远处的较高物体，所以要确保吸管不被折弯。

3. 如图所示放置纸板，使其直角位于左下方。此时在直角正上方靠近吸管的一端用针穿一个小洞。

4. 将绳子的一端从小洞穿过去并打一个结使其固定，同时还要保证绳子足够长，在悬垂的时候能够超过纸板底部边缘。

5. 在绳子的另一端系上一个小的重物。

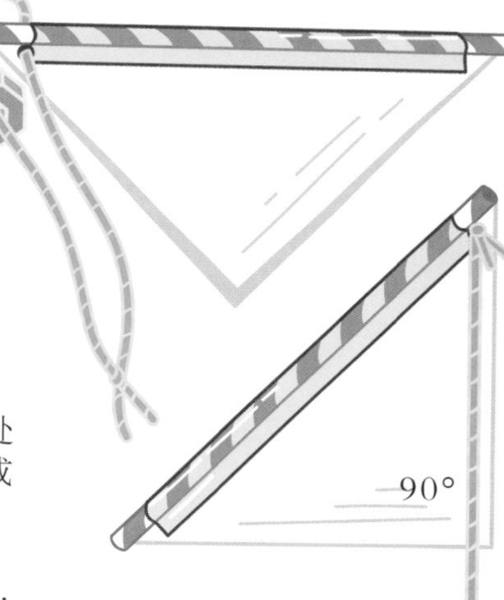

6. 举起测高仪，眼睛从吸管底端向上观测远处的物体，直至你的视线恰好可以看见树木或是建筑物的顶端。

7. 保持你的视线始终能看见较高物体的顶端，此时前进或是后退使得测高仪上拴着重物的线恰好与纸板垂直的直角边贴合。

8. 这个较高物体高度就等于你和它之间的距离，当然还要加上你的身高。

45°

为什么会这样？

根据上述方法制作的硬纸板三角形恰好是等腰直角三角形（详见第 36 页）——它的两个锐角均为 45°，两条直角边相等。当拴着重物的线恰好与直角边贴合时，此时吸管与水平面成 45° 角，所以你到所测物体的距离加上你的身高应该等于所测物体的高度。

奇妙的三角形

三角形是由首尾顺次相接的三条线段构成的二维平面图形。由于三角形具有稳定性，所以我们在日常生活中随处可见三角形的踪影，例如在建筑物中就大量存在。小小数学家们，如果你看看你的周边，便会发现三角形无处不在。

探索开始啦

三角形的分类

根据三角形边和内角的特点，通常将三角形分为四类：

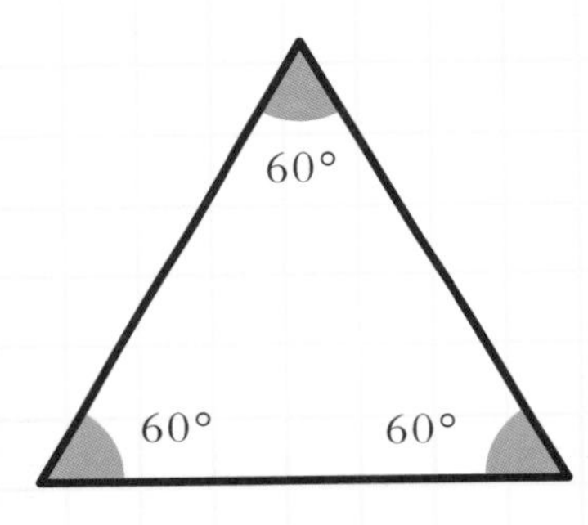

三条边均相等的三角形叫作等边三角形，它们的内角也相等，都是60°。

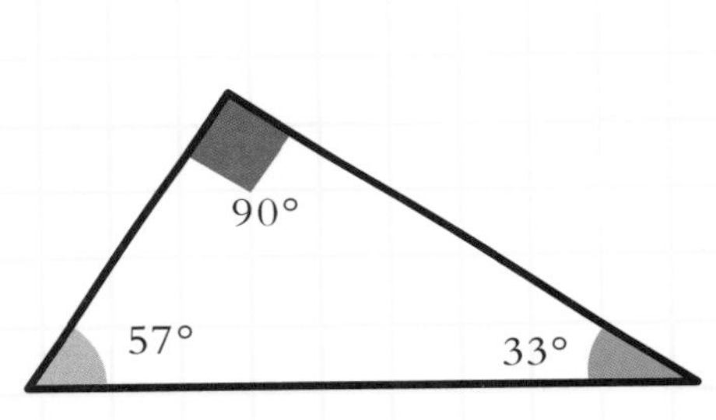

三条边均不相等的三角形叫作不等边三角形，它们的三个内角均不相等。

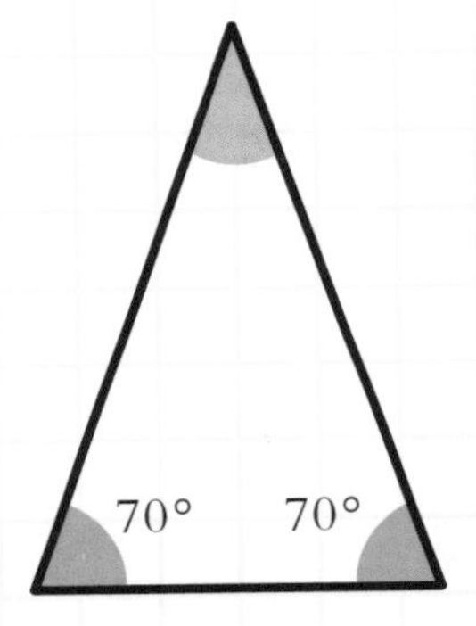

有两条边相等的三角形叫作等腰三角形，相等的两边称为腰，两腰所对的两内角相等。

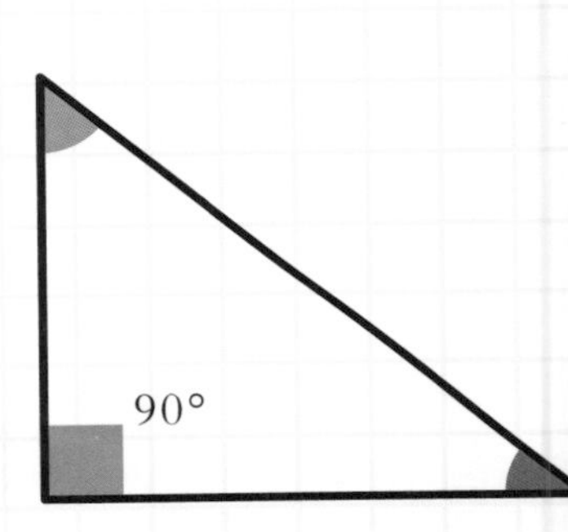

有一个角是直角（即等于90°）的三角形叫作直角三角形。

你知道吗？

三角形的内角

三角形名称的由来就在于它是有三个角的图形。任何在同一平面内的三角形三个内角之和永远等于180°。

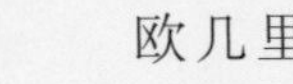

B

A

C

欧几里得

欧几里得（约公元前330—公元前275）是古希腊一位伟大的数学家，其代表作是《几何原本》，在该书中他给出了利用直尺和圆规做出包括三角形在内的许多平面图形的方法。他所创造的几何体系称为欧几里得几何，简称“欧氏几何”。

趣味谜题

棘手的三角形

下面的图形中有多少个三角形?

(答案在书后)

你知道吗?

并不总是180°

我们已经知道平面三角形中三个内角之和永远等于180°,但这仅仅是对于平面的情况而言。看看下面的球面三角形,它们的三个内角之和要大于180°。

动手做实验

寻找三角形

三角形是一种简单的图形,它在生活中无处不在。下面就请你变身为小小侦探,去寻找生活中的三角形吧!

你需要准备:

- √ 一名成人助手
- √ 一张纸和一根铅笔
- √ 几支彩笔

1. 跟你的家长上街走一走,最好是在建筑物比较集中的地方,例如你家附近。
2. 睁大眼睛去发现三角形。
3. 一旦你发现三角形,就用铅笔把它画下来,然后用彩笔涂上颜色。
4. 画出尽可能多的三角形,它们可以是等边三角形、等腰三角形、不等边三角形或者直角三角形。

毕达哥拉斯定理与三角学

如果你知道三角形中某些边和角的大小，此时你还想知道剩余边或角的大小，这时你就需要三角学的知识了。

探索开始啦

毕达哥拉斯定理（勾股定理）

在直角三角形中最著名的就是毕达哥拉斯定理了。在直角三角形中最长的边叫作斜边，该定理指的是斜边边长的平方等于另外两条直角边边长的平方之和。

例如，$a^2+b^2=c^2$（或 $3^2+4^2=5^2$）

所以如果你知道直角三角形中任意两条边的边长，那么你可以通过毕达哥拉斯定理求出第三条边的边长。

毕达哥拉斯

毕达哥拉斯（约公元前580—约公元前500）是一位古希腊数学家。奇怪的是，有些历史学家认为这个重要的定理并非毕达哥拉斯所发现，而仅仅使用了他的名字命名而已。

动手做实验

毕达哥拉斯定理的应用

在下面的游戏中，我们将实际检验一下毕达哥拉斯定理。据传古代埃及人在几千年前就可以构造出直角，他们是怎样做到的呢？

你需要准备：

- √ 一根长长的绳子
- √ 一把直尺
- √ 一支记号笔
- √ 一把剪刀
- √ 一个朋友

1. 取出绳子，用直尺量出 60cm 的长度。
2. 用剪刀把量出的绳子剪下来。
3. 用记号笔和直尺，从绳子的一端开始，每 5cm 做一个点状记号将绳子分为 12 条线段（每条线段长 5cm）。
4. 和你的朋友一起利用这段绳子做一个三角形，其中一边有三条线段长，另一边有四条线段长，那么最长的边会有几条线段长？你认为这是不是毕达哥拉斯定理的实际应用呢？

（答案在书后）

你知道吗？

三角形的边

如下图所示，我们将一个直角三角形中最长的边叫作斜边。一个角所对的边叫作其对边，构成一个锐角的一条直角边叫作其邻边。

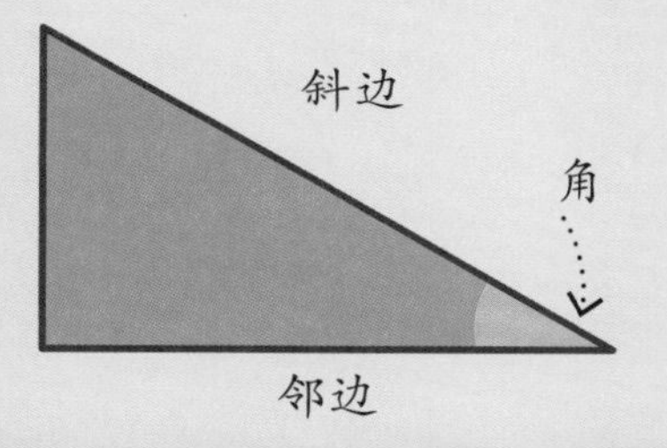

探索开始啦

三角函数

三角函数不仅能够帮助我们计算出三角形中边的大小，它还能帮助我们计算出三角形中角的大小。

最常用的三角函数有三种，分别是正弦函数（sin）、余弦函数（cos）和正切函数（tan），你们可以在计算器上找到它们。

在任意直角三角形中，一个角的三种三角函数分别表示：

一个角的正弦 = 对边 ÷ 斜边

一个角的余弦 = 邻边 ÷ 斜边

一个角的正切 = 对边 ÷ 邻边

二维图形

数学家们将平面内的由线段构成的二维图形称为多边形（polygon，源于希腊语，本意是许多角），下面就让我们进一步认识这些美丽的图形吧。

等边三角形
(3 条边)

正方形
(4 条边)

正五边形
(5 条边)

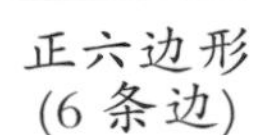

正六边形
(6 条边)

探索开始啦

正多边形

正多边形所有的边长均相等，同时它所有的内角也均相等。右面是一些简单的正多边形的例子。

正七边形
(7 条边)

探索加油站

对称轴

一个图形的对称轴指的是能将原图形分成完全对称两部分的直线。下面换一个思路，也就是如果将一个图形沿着它的对称轴对折，那么其中一部分会与另一部分完全重合。一个正多边形中所包含对称轴的数目与其边的数目相同。

正三角形

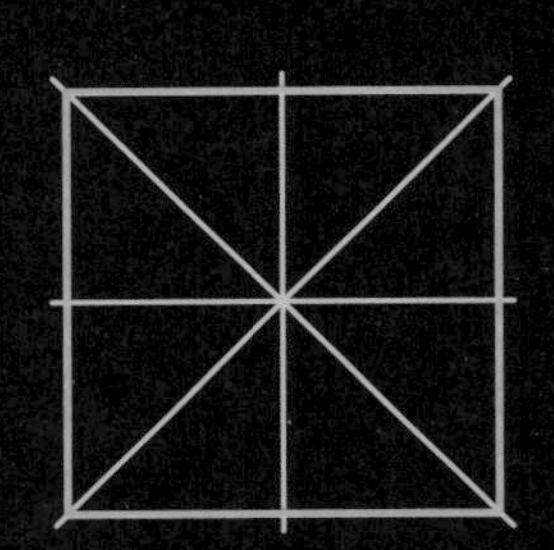

正方形

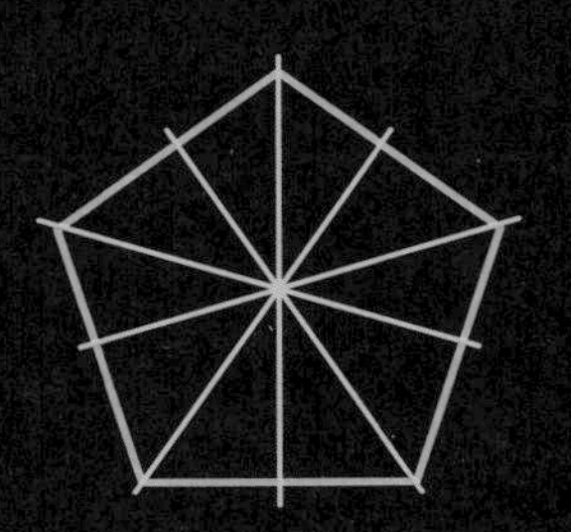

正五边形

正六边形

动手做实验

奇妙的角

下面你可以巧妙地利用角的性质来计算正多边形内角的大小，而不需要去直接测量！

你需要准备：

- √ 一支铅笔
- √ 一张纸
- √ 一把直尺
- √ 一个计算器（可选）

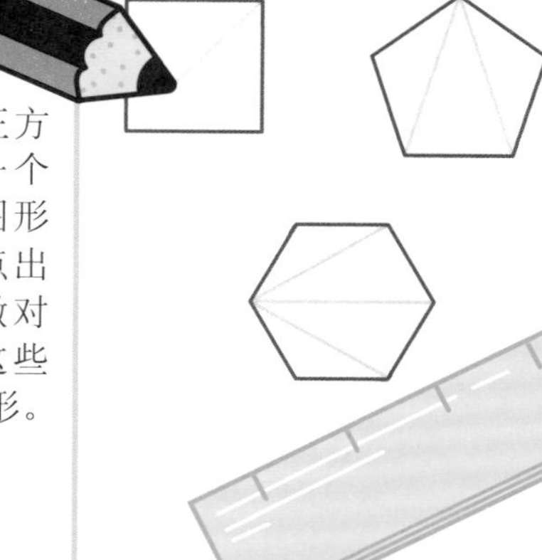

1 用铅笔和直尺画一个正方形、一个正五边形和一个正六边形。在每一个图形中，分别从某一个顶点出发向剩余的所有顶点做对角线，这时你会发现这些多边形被分为若干三角形。

2 我们知道平面三角形三个内角和为180°。正方形此时被分割为两个三角形，所以正方形的内角和为360°。

3 正方形中的四个内角均相等，如果将360°除以4，则此时每一个内角均为90°。

4 利用相同的方法分别计算正五边形和正六边形的内角大小。

5 你发现多边形内部可分三角形的数目与多边形的边数之间的关系了吗？试着找出来。

6 按照你得出的结论，一个十二边形可以被分割成多少个三角形？九十边形呢？

（答案在书后）

婆罗摩笈多

婆罗摩笈多（约598—约665）是一位印度天文学家、数学家，他曾发现了非正四边形中一个重要的公式。

平面镶嵌

你也许注意过，有些墙纸或地毯上的图案是一些简单的几何图形按照一定的排列方式组合而成，在数学上，用不重叠的多边形把平面一部分完全覆盖，被称为多边形的平面镶嵌。

探索开始啦

正则镶嵌

平面镶嵌中最重要的原则是完全覆盖而不留空隙。

如果仅用同一种正多边形进行镶嵌称为正则镶嵌，但是只有三种正多边形可以满足要求，分别是正三角形、正方形和正六边形。如果你不相信的话，你可以剪下一些正五边形试试看，你会发现这是不可能实现的。

探索加油站

半正则镶嵌

如果某种正多边形不能进行正则镶嵌，试试用其他的正多边形将空白的部分覆盖起来。使用一种以上的正多边形来镶嵌，并且在每个顶点处都有相同的正多边形排列，叫作半正则镶嵌。例如在右图中你可以用小正方形来弥补正八边形之间的空隙。事实上，半正则镶嵌的图案数量是有限的，除了这种情况外，还剩余七种。

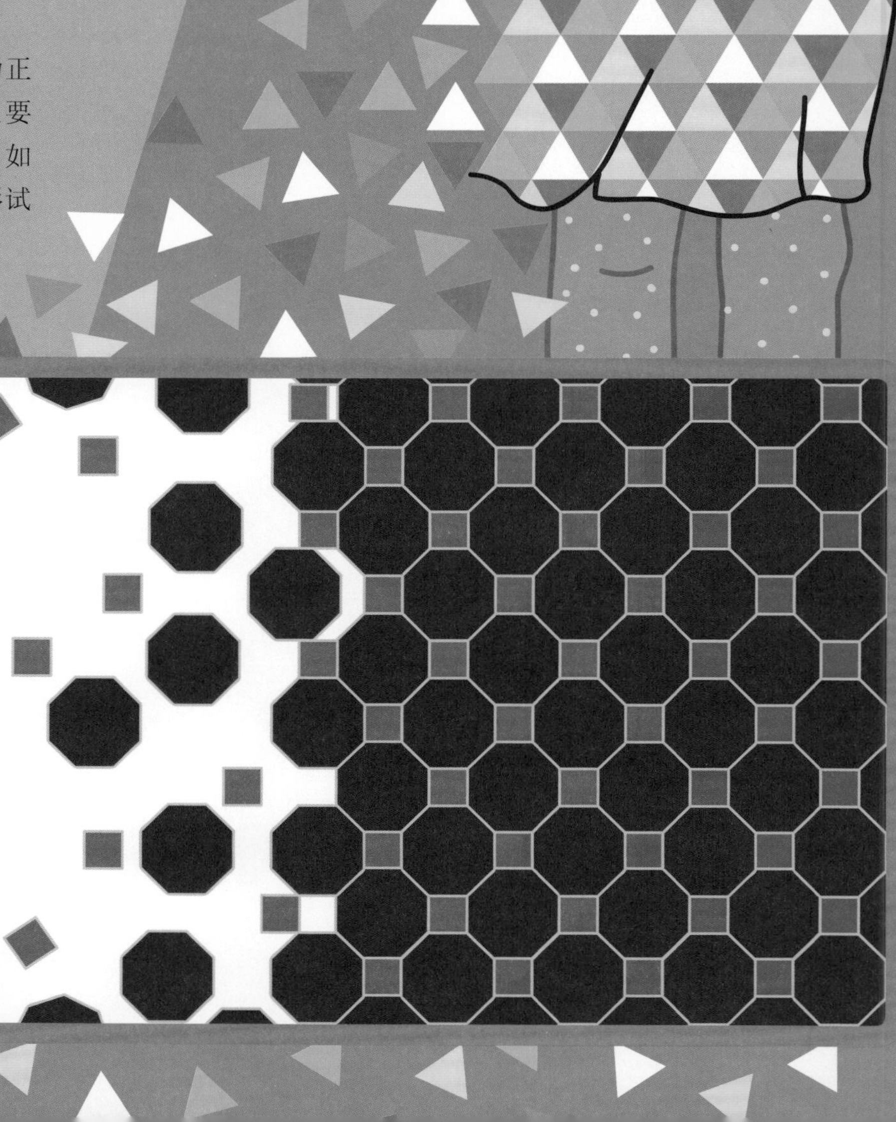

寻找半正则镶嵌

在下面的活动中，请你试着找出剩余的七种半正则镶嵌图案吧。

你需要准备:

- √ 一支铅笔
- √ 纸（最好是彩纸）
- √ 一把直尺
- √ 剪刀
- √ 彩笔（如果你用的是白纸的话）
- √ 胶棒（选用）

1 首先画几个等边三角形和正方形，使得它们的边长均为3cm。

2 将它们剪下来（如果你用的是白纸的话，将它们涂上颜色）。

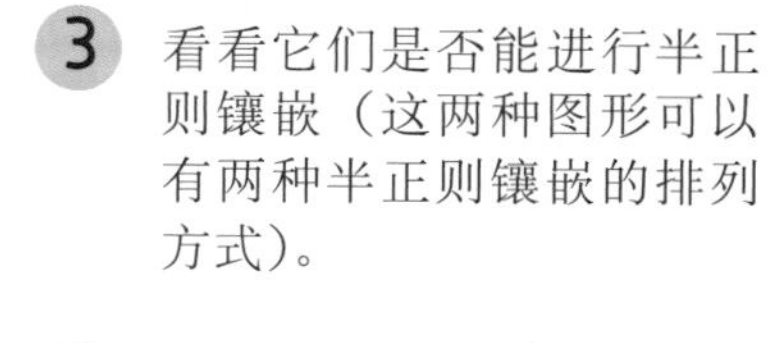

3 看看它们是否能进行半正则镶嵌（这两种图形可以有两种半正则镶嵌的排列方式）。

4 如果你找到了某种镶嵌方式，用胶棒把它们粘好。你可以把你的设计挂在墙上或是冰箱上。

5 如果你是一个喜欢探索的孩子，你还可以剪一些正六边形、正八边形和正十二边形，并尝试找出剩余的五种半正则镶嵌图案吧。

（答案在书后）

你知道吗？

镶嵌的命名原则

为了给镶嵌命名，首先要观察几个图形交会处的某一顶点。随后数出此顶点处有多少种不同的图形以及它们的边数分别是多少。例如四个正方形交会于一点可以进行正则镶嵌，所以这是4.4.4.4镶嵌。又例如正方形和正八边形的镶嵌，其中两个正八边形和一个正方形交会于一点，所以这是4.8.8镶嵌。

彭罗斯

罗杰·彭罗斯博士（生于1931年）是一位英国数学家，他发现了著名的彭罗斯镶嵌（如右图所示）。

三维立体图形

立体图形拥有长度、宽度和深度这三个维度，我们比较熟悉的立体图形有球体和正方体。

探索开始啦

柏拉图多面体

数学家们将三维立体图形称为多面体，这是因为它们通常有多个底面。其中有五种特别的多面体，它们的每个面均相同，我们将其称为柏拉图多面体，它们分别是：

正四面体

正六面体

正八面体

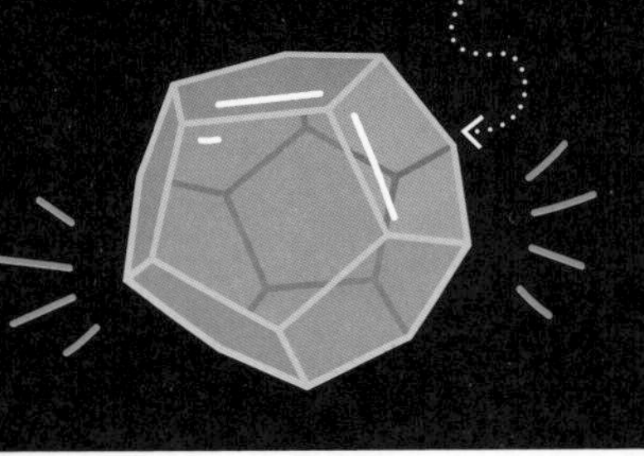

正十二面体

正二十面体

探索加油站

指数

对于一个平面图形而言，我们可以测量它的面积，此时的度量单位是面积单位，例如 cm^2，其单位右上角的数字 2 是其指数。对于一个立体图形，我们可以测量其所占空间的大小，此时的度量单位是体积单位，例如 cm^3，其指数是 3。

柏拉图

柏拉图（公元前 427—公元前 347）是一位著名的古希腊哲学家，柏拉图多面体的名称就是以他的名字命名的。

你知道吗？

眼睛！眼睛！

两只眼睛同时工作才能让我们看清三维世界。如果闭上一只眼睛看一幅画，然后交换闭上另一只，这时你会发现每只眼睛看到的景象略有不同。你聪明的大脑会将两只眼睛分别看到的两张二维图像整合在一起产生三维的效果，这样你就可以确定你和物体之间的距离了。

你知道吗？

大脑！大脑！

视错觉指的是某些物体看起来与它们的实际情况不同。如果传递到眼睛的信息有误差，那么大脑就会出现短路并做出错误的判断，形成错觉。光效应艺术就是利用观众的视觉变化来造成一种幻觉效果。艺术家们会利用特殊的图案、颜色营造视错觉效果，例如一张平面帆布上的图案看起来好像是凸起的，或是下沉的，或是扭曲的。

动手做实验

制造你的视错觉

制造属于你的视错觉吧！

你需要准备：

- √ 白纸
- √ 铅笔和橡皮
- √ 直尺

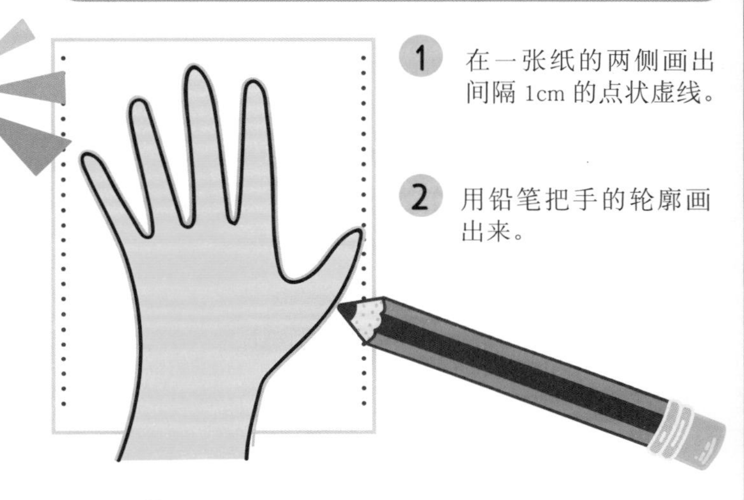

1. 在一张纸的两侧画出间隔 1cm 的点状虚线。
2. 用铅笔把手的轮廓画出来。
3. 用直尺将纸两侧的对应点连接起来，但是手的部分要空出来。
4. 在手图形的内部如图所示画一些隆起的曲线。

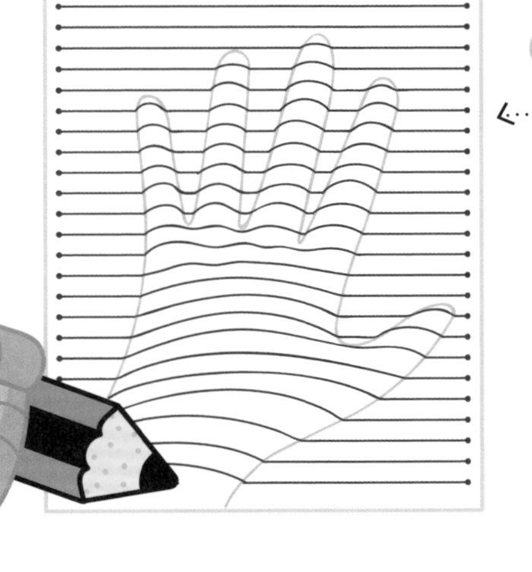

5. 将手边缘的轮廓擦去。
6. 沿着手的轮廓增加一些阴影。

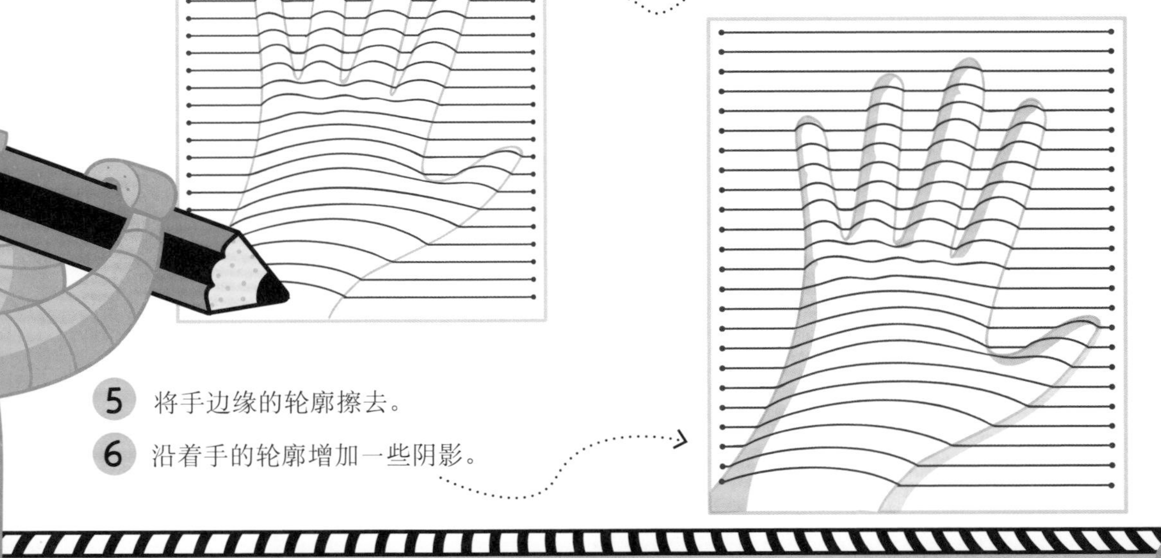

3D 奇迹

通过下面的动手做实验，你可以更好地理解三维立体图形。

动手做实验1

制造属于你的金字塔

金字塔是古埃及人为法老们建造的陵墓，它有一个正方形底面和四个三角形侧面。

你需要准备：

- √ 铅笔
- √ 一张较大的薄纸
- √ 直尺
- √ 胶棒
- √ 剪刀

1 如图，用直尺在纸上画出一个 3×3 的正方形网格，每一个小正方形的大小为 10cm×10cm。

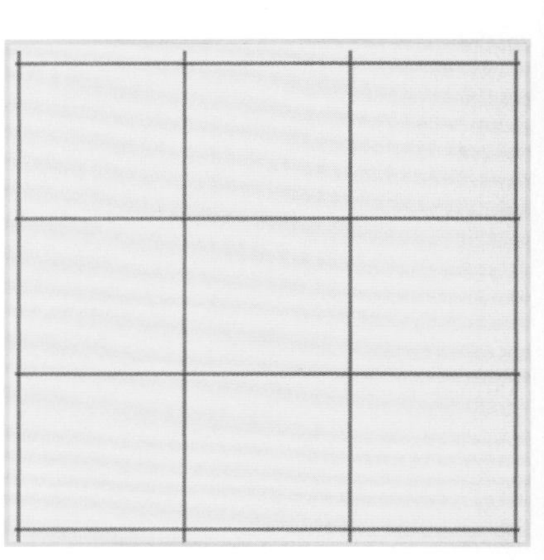

2 如图，找出大正方形四边中点并用铅笔描出。

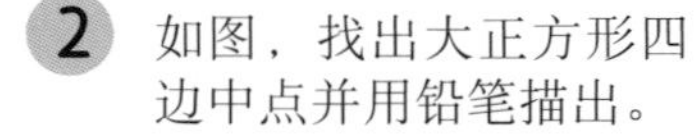

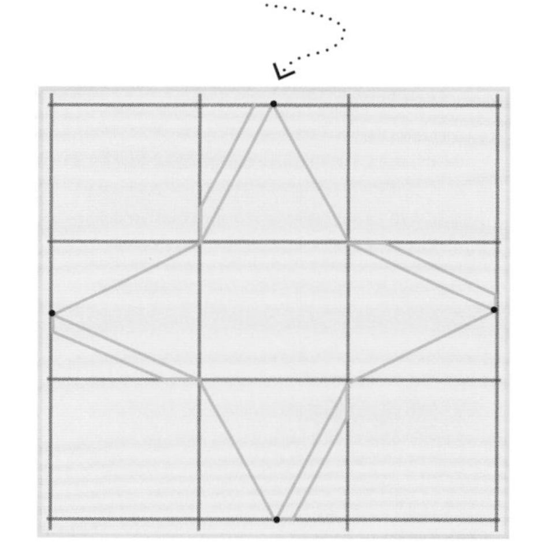

3 按照左图所示画出四个小三角形，在旁边留出约 1cm 宽的粘贴条。

4 将所画图形用剪刀剪下来。

5 然后如图所示折成金字塔的形状。

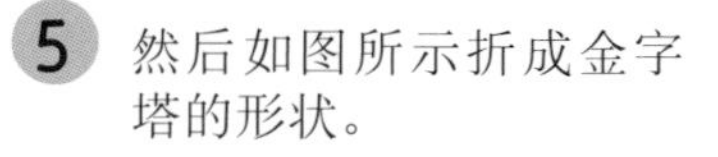

6 给粘贴条部分涂上胶水，将相邻三角形粘起来，现在金字塔做成了！你准备怎样装饰它呢？

动手做实验2

做一个属于你的正方体

正方体有 6 个正方形表面、12 条棱和 8 个顶点。

我们在棋盘类游戏中经常使用到的色子就是一个典型的正方体。

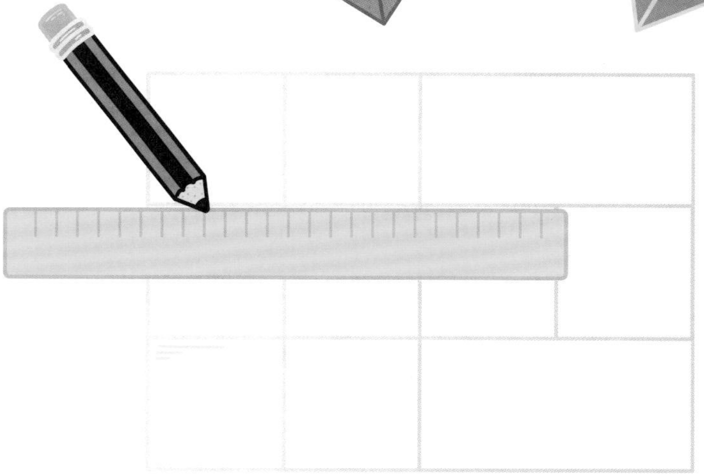

1 如图，用铅笔和直尺在纸上画出 6 个全等的正方形，构成十字交叉结构，其中每个小正方形的规格为 10cm×10cm。

你需要准备：

- √ 一张大大的薄卡片
- √ 直尺
- √ 胶棒
- √ 胶带
- √ 剪刀
- √ 一根铅笔和一根彩笔

2 如图，在左右两侧的小正方形边缘留出粘贴条，竖直方向的两个小正方形保持不变。

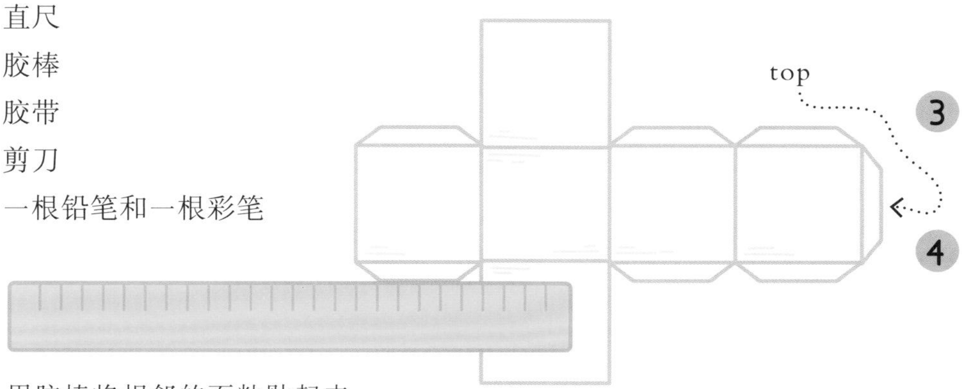

top

3 将所画图形剪下来。

4 将所有的小正方形向中间折叠。

5 用胶棒将相邻的面粘贴起来，为了保险起见，你也可以用胶带固定一下。

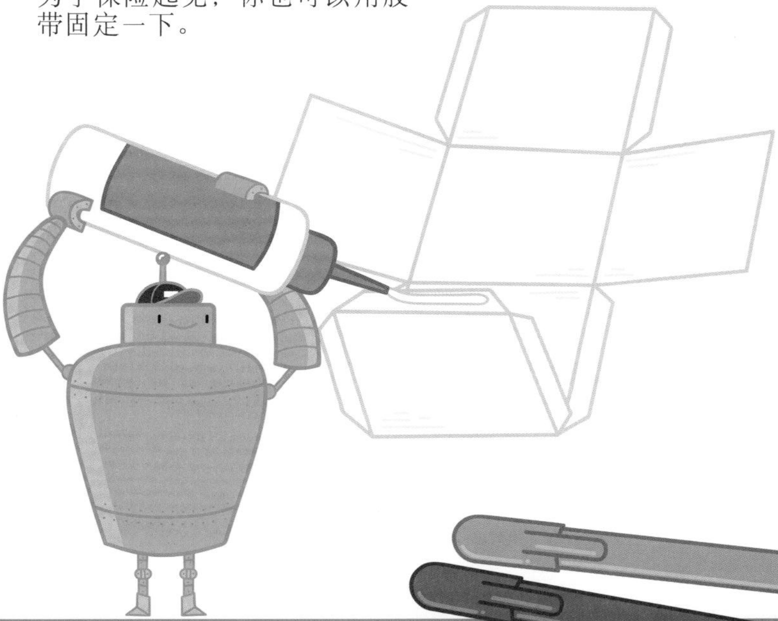

6 在正方体的每一个面用笔画上不同颜色、不同数量的点，色子做好了。

几何变换

将一个几何图形按照某种法则或规律变成另一个几何图形的过程称为几何变换。不知道你注意过没有，如果你在镜子中观察一个图形，它就好像是翻转过去一样，这就是一种几何变换。

探索开始啦

全等变换

图形在变换的过程中大小形状保持不变，这种变换叫作全等变换，或合同变换。常见的全等变换有以下三种情形：

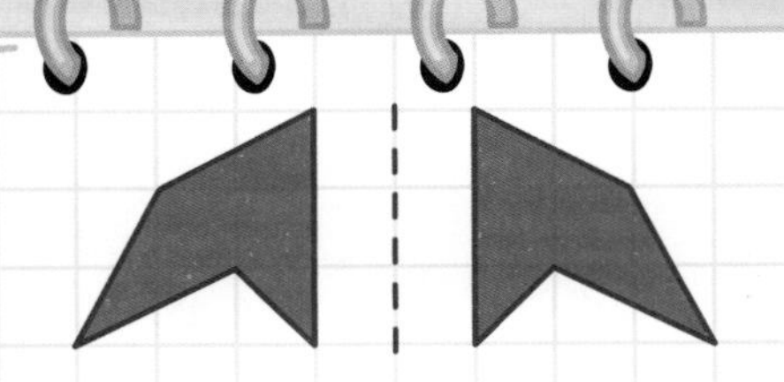

翻转变换，也叫对称变换。指的是一个图形沿着一个假想的镜面翻转过去。翻转后的图形与原图形相对假想镜面对称。

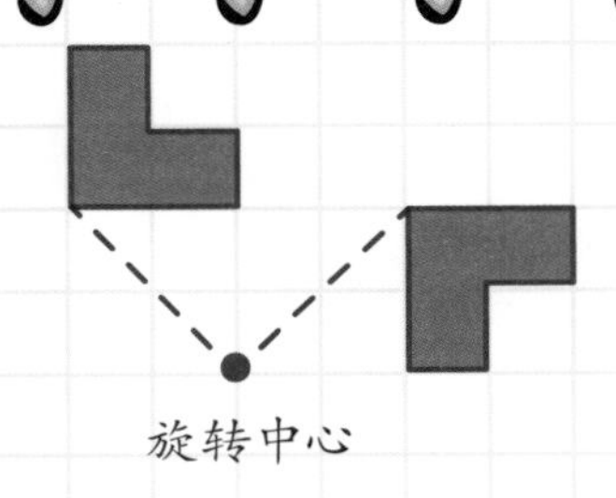

旋转变换，一个图形绕着某点旋转一定角度的变换，该点叫作旋转中心。

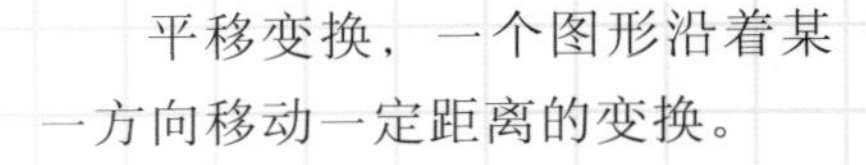

平移变换，一个图形沿着某一方向移动一定距离的变换。

探索加油站

放大变换

如果图形的形状保持不变，但是面积变大，就叫作放大变换。比例因数可以告诉我们放大的倍数，同时放大的中心点可以决定放大后图形的位置。放大变换经常会用在照片的放大处理上，放大后的照片各部分比例保持不变，所以不会发生扭曲。

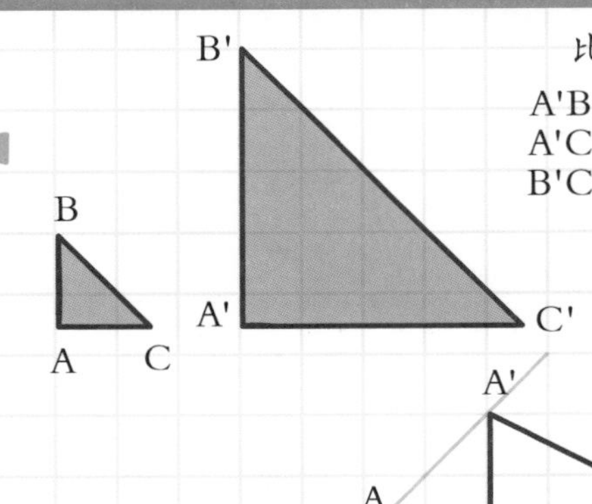

比例因数3

A'B' = 3 × AB
A'C' = 3 × AC
B'C' = 3 × BC

放大中心位于O点处，放大后的三角形大小是原三角形的三倍。

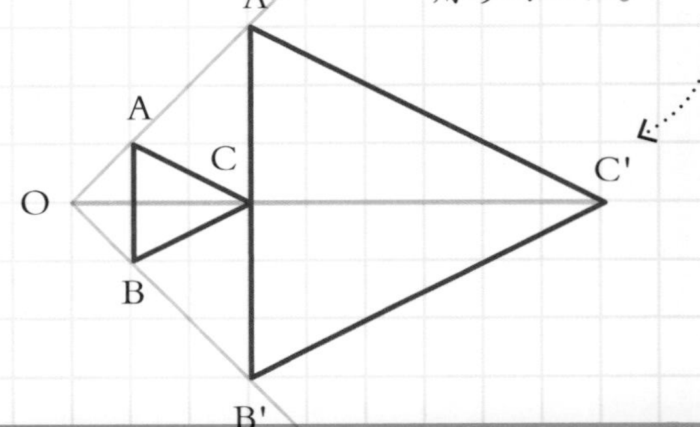

动手做实验

七巧板

七巧板是一种古老的中国传统益智玩具，顾名思义，是由七块形状不同的板组成。通过翻转、旋转和滑动，这七块板可拼成许多图案，试试看你能拼出多少种图案，当然你也可以上网看看其他小朋友所拼的图案。

你需要准备：

- √ 纸（如果是白纸的话需要涂色）
- √ 剪刀
- √ 彩笔（选用）

趣味谜题

全等图形

如果两个图形的大小形状完全相同，我们就说这两个图形是全等图形。你能在下面找出三对全等图形吗？

（答案在书后）

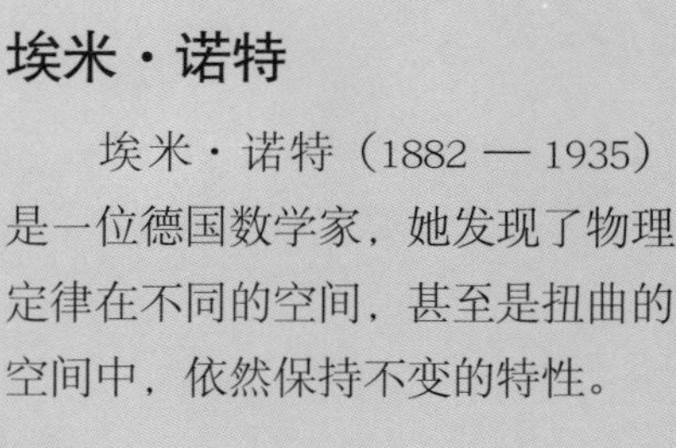

埃米·诺特

埃米·诺特（1882 — 1935）是一位德国数学家，她发现了物理定律在不同的空间，甚至是扭曲的空间中，依然保持不变的特性。

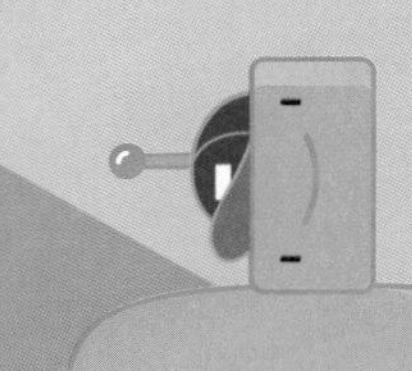

比例

我们在日常生活中随处可见比例的踪影，例如我们在做蛋糕的时候各种原材料的比例，下面让我们进一步了解它吧。

探索开始啦

做比较

比例就是将整体中一部分的数量与另一部分进行比较。例如你可以说教室中 8 岁孩子与 9 岁孩子的数量之比是 6 ∶ 4，这就意味着每 6 个 8 岁孩子就会有 4 个 9 岁孩子与之对应，换句话说，教室中 60% 是 8 岁孩子，40% 是 9 岁孩子。

你知道吗？

我们的电视

电视机矩形屏幕的宽度与高度之间有一个特殊的比例，我们将其称为电视屏幕的宽高比或横纵比。老式电视机屏幕的宽高比一般是 4 ∶ 3，现代电视机屏幕和电脑显示器的宽高比一般是 16 ∶ 9。

探索加油站

地图

在地图上你一定可以找到与比例相关的内容。我们为了将一个城镇或一个城市画在地图上，就必须按照一定的比例缩小，这个比例叫作比例尺。例如我们可以将实际中的 1 公里，对应到地图上的 1 厘米。假如现在某张地图的比例尺是 1 ∶ 100,000，这就意味着地图上 1cm 表示实际距离 100,000cm（1km）。

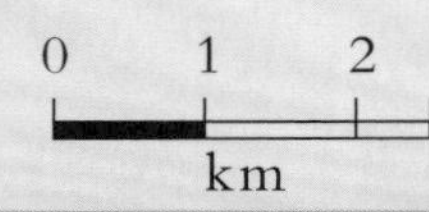

比例尺 1:100,000

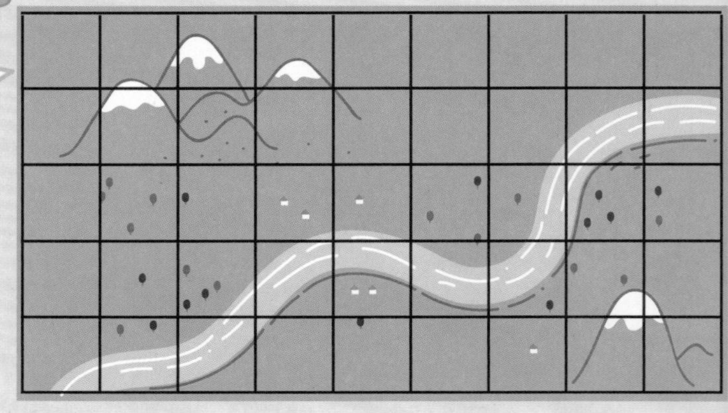

你知道吗？

还记得π吗？

还记得圆周率 π 吗？它是圆周与直径的比值（详见第 30 页）。

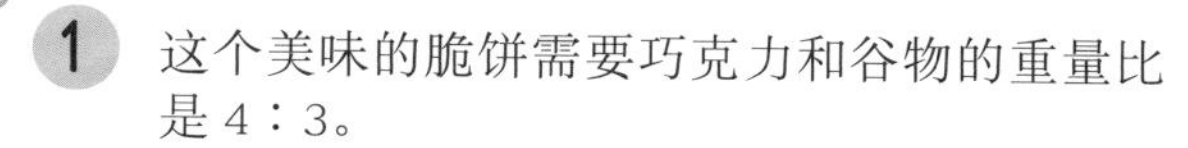

动手做实验

你可以通过下面的实验在家里制作美味的巧克力脆饼。

你需要准备：

- √ 一名成人助手
- √ 一大块巧克力
- √ 一盒酥脆的谷物（或脆玉米片）
- √ 蛋糕纸杯
- √ 搅拌棒
- √ 称重天平
- √ 平底锅
- √ 碗
- √ 水

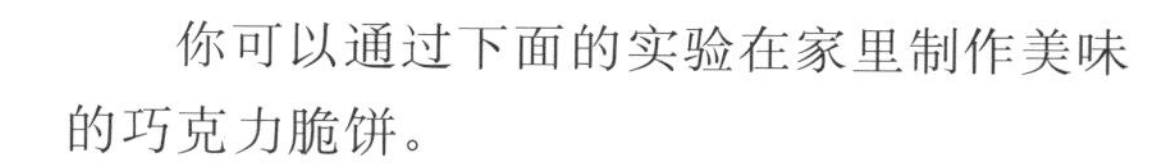

1. 这个美味的脆饼需要巧克力和谷物的重量比是 4：3。
2. 看一看巧克力包装上的重量，然后按照比例计算出需要谷物的重量，并用天平称出所需谷物。

3. 在家长的帮助下将平底锅中的水加热直至沸腾。
4. 将巧克力弄成小块并放在碗中，随后将碗放在平底锅的开水中直至巧克力完全熔化。

5. 将碗从平底锅中取出，一边倒入称好的谷物一边搅拌均匀。
6. 将搅拌好的混合物倒入蛋糕纸杯中，待冷却后放在冰箱中至少 1 小时，然后享受你的美味吧！

坐标

为了精准地描述某个点的位置，我们通常会使用坐标。在数学中我们比较常用的是由相互垂直的 X 轴与 Y 轴构成的平面直角坐标系，它们将平面分成网格，每一个点对应唯一的有序数对，作为其坐标。

Y轴

X轴

探索开始啦

X和Y

右图水平和竖直方向的线将平面分成许多网格。在水平方向的底部是 X 轴，在竖直方向的最左侧是 Y 轴。任意一个点对应唯一的坐标，这时需要知道该点分别到 X 轴和 Y 轴的距离。例如图中的点到 Y 轴的距离为 2，或者说它在 X 轴上的投影为 2，这是它的横坐标；它到 X 轴的距离为 3，或者说它在 Y 轴上的投影为 3，这是它的纵坐标，所以这个点的坐标为（2，3）。

探索加油站

第Ⅱ象限　第Ⅰ象限

第Ⅲ象限　第Ⅳ象限

X 轴和 Y 轴可以向正、负方向无限延长，这样构成的平面直角坐标系将平面分为四个象限。象限的名称用罗马数字 I、II、III、IV 来标注，如图所示，从右上方开始，按照逆时针顺序分别为第 I 象限、第 II 象限、第 III 象限和第 IV 象限。

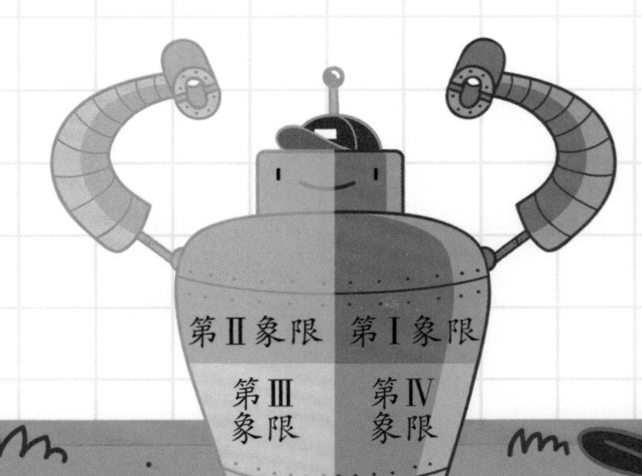

你知道吗？

第三个维度

对于空间中的点，我们可以采用三维坐标来表示，也就是比前面由 X 轴和 Y 轴构成的平面直角坐标系多出第三个 Z 轴，三维坐标的形式是(X，Y，Z)，其中多出的第三个坐标就是该点在Z轴上的投影位置。

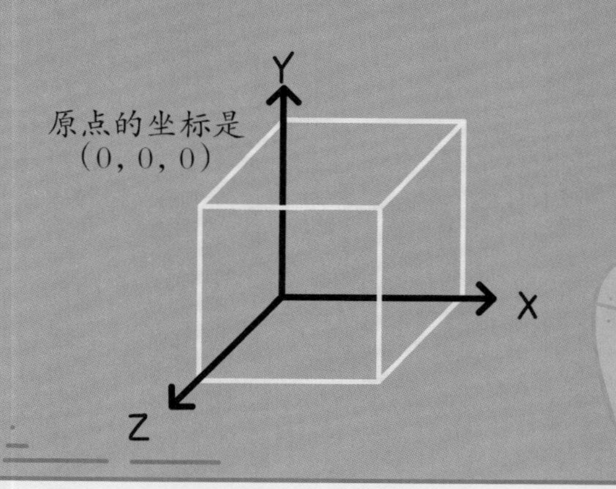

笛卡儿

勒内·笛卡儿（1596 — 1650）是一位法国数学家、哲学家，他发明了坐标表示法。笛卡儿坐标系就是以他的名字命名的。

趣味谜题

寻找恐龙蛋

一位粗心的恐龙妈妈忘记把她的恐龙蛋埋在什么地方了，你来帮帮她吧！下面有四条路径，恐龙蛋就埋在某条路径的最后一个坐标位置，但是要保证恐龙妈妈在找到恐龙蛋之前不会遇到其他的史前怪兽。恐龙蛋会埋在哪里呢？找出正确的寻找路径吧！

1. (0,1) (2,3) (1,4) (0,5) (1,7)
2. (3,4) (5,5) (7,6) (9,5) (6,5)
3. (1,1) (2,4) (4,3) (6,1) (9,2)
4. (0,2) (3,4) (4,4) (5,3) (10,3)

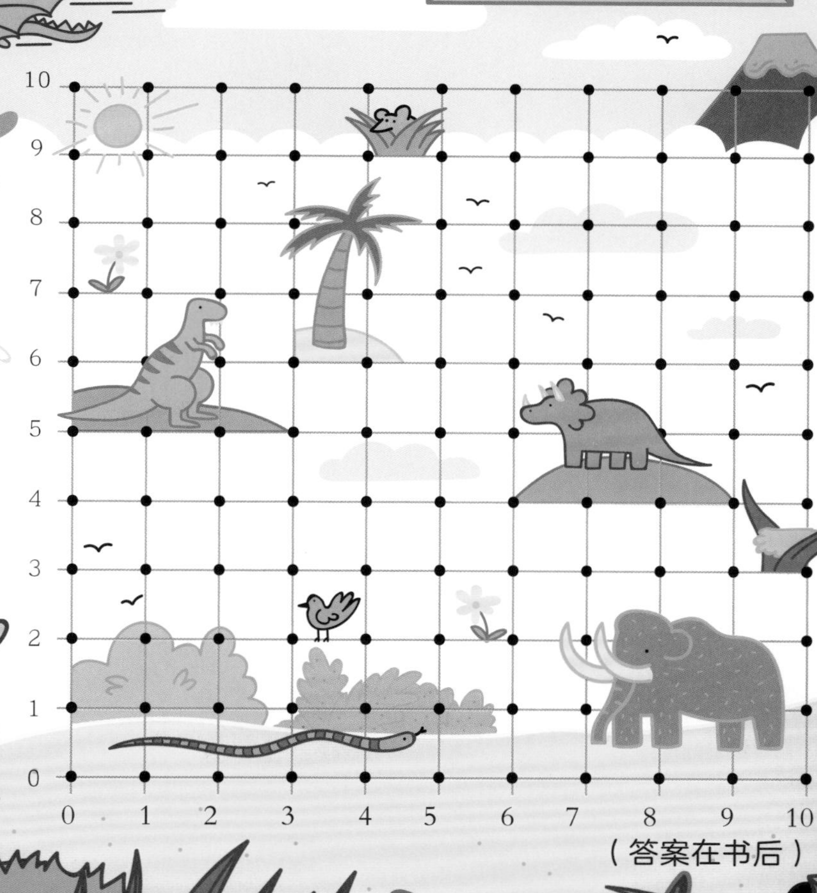

（答案在书后）

统计图表

大量的数据容易让人茫无头绪，数学家们运用统计的方法，使大量的数据更容易让人理解并能得到有用的信息。统计指研究如何搜集、整理和分析统计资料等。我们可以用点、线、面等相关联的量，通过绘制统计图的方法来处理数据。常用的统计图有折线统计图、条形统计图和扇形统计图。

探索开始啦

折线统计图

折线统计图可以更好地表现在一定的时间内某一数据的变化趋势。首先需要将数据在图中用散点表示出来，随后用线段将相邻的点连接起来。例如在右侧的统计图中，我们很容易观察出一周中每天晴天时长的变化趋势。

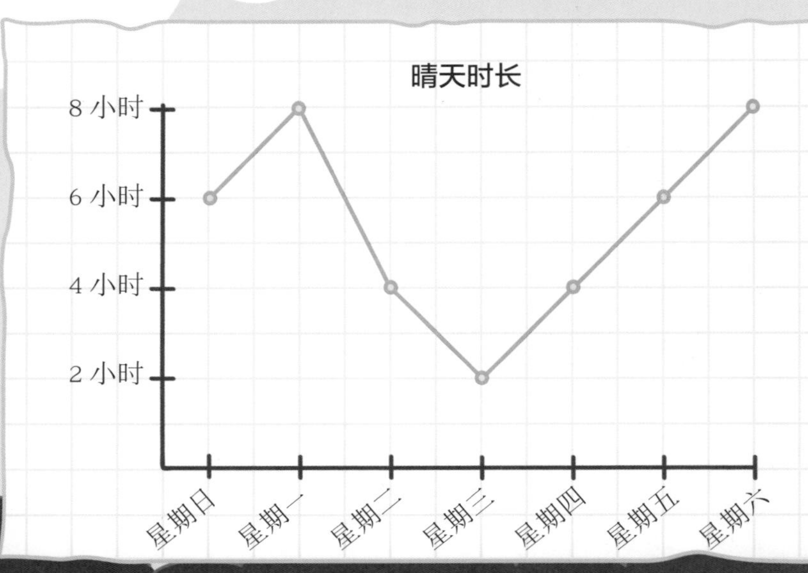

探索加油站

条形统计图

通过条形统计图很容易看出各种数量的多少对比情况，在条形统计图中，条形的高度取决于某一事件的发生频率。例如右侧的统计图，每一个条形代表小学生喜欢的一种水果，而每一个条形的高度表示在调查的过程中选择这种水果的人数。

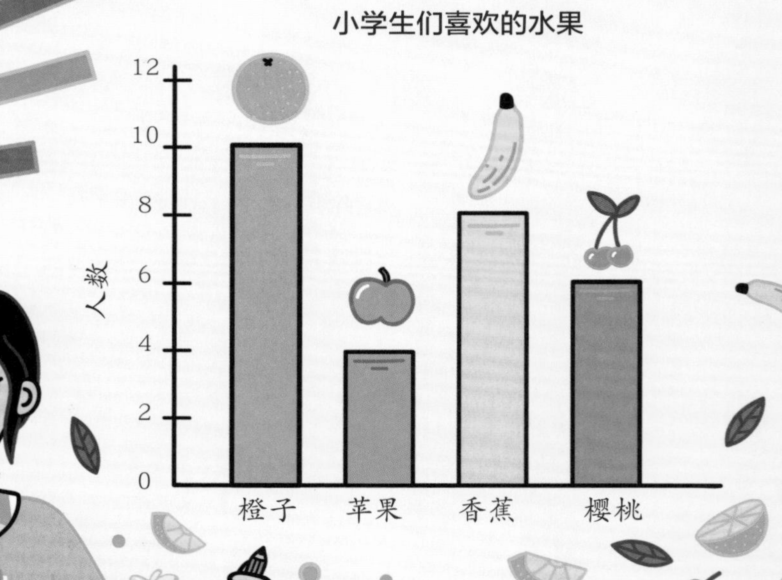

探索开始啦

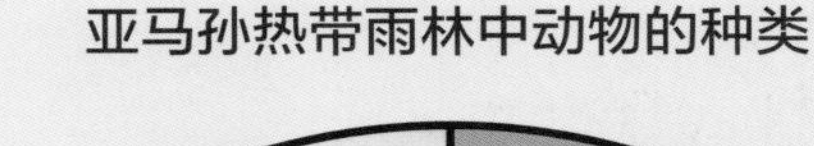

扇形统计图

扇形统计图是用整个圆表示总数（单位"1"），用圆内各个扇形的大小表示各部分量占总量的百分比。

普莱费尔

威廉·普莱费尔（1759—1823）是一位苏格兰工程师，他在统计数据的过程中发明了折线统计图、条形统计图和扇形统计图。

动手做实验

宠物扇形统计图

下面是一些关于人们喜爱的宠物的数据，根据这些数据画一幅扇形统计图。一共调查了360个人，调查结果如下：

165人喜欢狗、115人喜欢猫、55人喜欢兔子、15人喜欢豚鼠、10人喜欢鸟。

你需要准备：

- √ 量角器
- √ 一个圆规（或是一个圆形物品）
- √ 铅笔
- √ 直尺
- √ 彩笔

1. 由于有360个人参与了调查，所以每一个人可以用圆中1°的扇形来表示。
2. 用圆规或圆形物品画一个圆，在圆周的顶端标记上一个点。
3. 用量角器从这个点开始量出165°，然后在圆周上标记出一个点。
4. 用直尺分别连接圆心和圆周上的这两个点。
5. 将这一部分扇形涂上颜色并注明"狗"，表示喜欢狗的人数。
6. 重复上面的过程，将喜欢剩余宠物的人数在扇形统计图中标注出来。

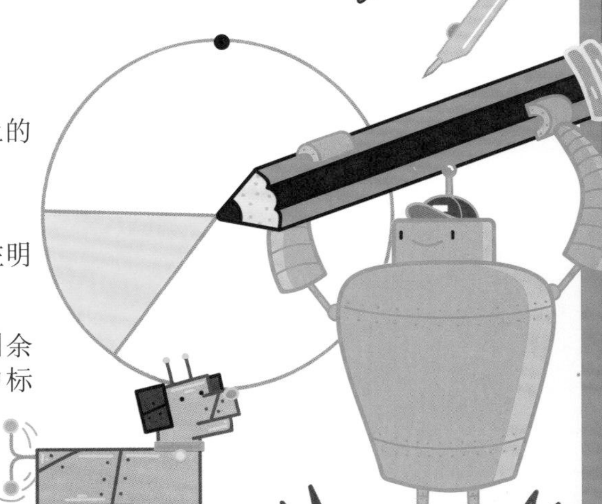

（答案在书后）

韦恩图与集合论

作为一个人，你可能属于许多不同的群体。例如你是家庭的一员，同时你是学校的学生，也许你还是体育俱乐部的成员。与之类似，在数学中，数学家们将数字或其他事物分成许多不同的群体，它们被称为集合。

探索开始啦

集合论

一般我们用大括号“{ }”来表示一个集合。例如我们现在要表示“蔬菜”的集合，你可以这样书写：蔬菜 ={ 西蓝花、胡萝卜、西红柿、生菜…}。大括号中的每一样物品叫作这个集合的元素。

康托尔

格奥尔格·康托尔（1845—1918）是一位德国数学家，他是集合论的创始人，集合论是数学中非常重要的一个分支。

探索加油站

韦恩图

韦恩图是一种表示集合的简易方法。首先你需要画一个矩形，你可以认为宇宙中所有的事物都包含在内，然后在矩形中画两个或多个有重叠的圆。每一个圆代表一个集合，如果有一个元素同时属于两个集合，那么它应该位于表示两个集合的圆的交集（重叠）部分。

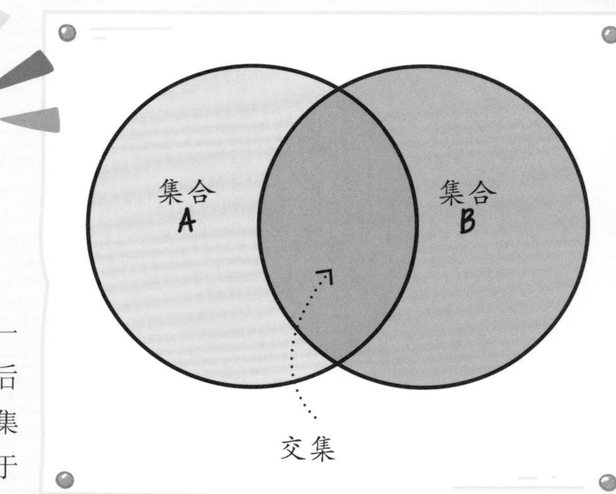

你知道吗？

大括号

如果你要表示集合 A 与集合 B 的交集，应该这样书写：$A \cap B = \{\cdots,\cdots\}$。其中大括号中的元素是所有同时属于集合 A 和集合 B 的公共元素。

韦恩

约翰·韦恩（1834—1923）是一位英格兰哲学家，他在瑞士数学家欧拉的相关理论基础上发明了韦恩图。

动手做实验

两栖动物

下面运用你的动物学知识做一个韦恩图吧！

你需要准备：

- √ 纸和铅笔
- √ 用来画圆的圆形物品

1. 如图，做出两个有部分重叠的圆，这是做韦恩图的基础。
2. 在左侧的圆中写上“陆地”。
3. 在右侧的圆中写上“水”。
4. 你知道哪些动物只能在陆地上生活，哪些动物只能在水中生活吗？将它们写在相应的位置。
5. 你能想出哪些动物在陆地上和水中都可以生活吗？将它们写在两个集合的交集位置。

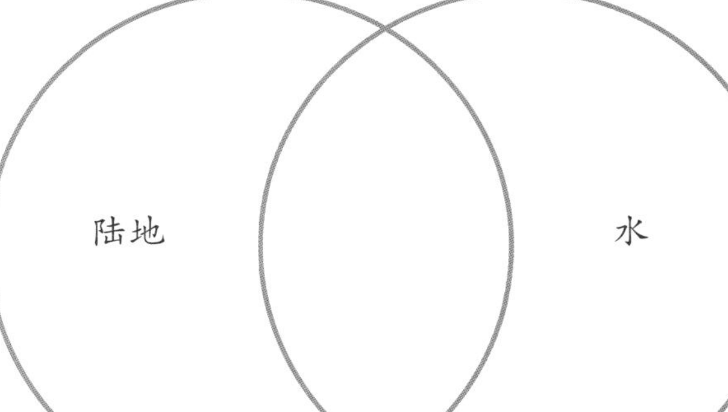

6. 将交集中的动物用数学语言表述出来（利用前面说的大括号）。
7. 你能想出哪些动物既不在陆地上也不在水中生活吗？将它们写在两个圆的外部。

（答案在书后）

平均数

求平均数，一般是找出一组数值的中间值，然后将剩余的值与其进行比较。例如，如果你的分数在班级平均分以上，说明你比其他许多同学要优秀；如果一支球队进球的数目在平均数以下，说明这支球队的成绩有点糟糕。

探索开始啦

平均数、中位数和众数

关于平均，有三个重要的定义需要注意区别，它们分别是平均数、中位数和众数。当然最重要的是平均数，为了计算一组数字的平均数，你需要将所有的数字相加，然后将得到的和除以数字的个数。

中位数指的是将所有数字按照从小到大的顺序排列，如果这些数字的个数是奇数的话，中间那个数就是这组数的中位数；如果数字的个数是偶数的话，中间两个数字的平均数就是这组数字的中位数。

众数指的是这组数中出现次数最多的数字。

建筑物的平均高度

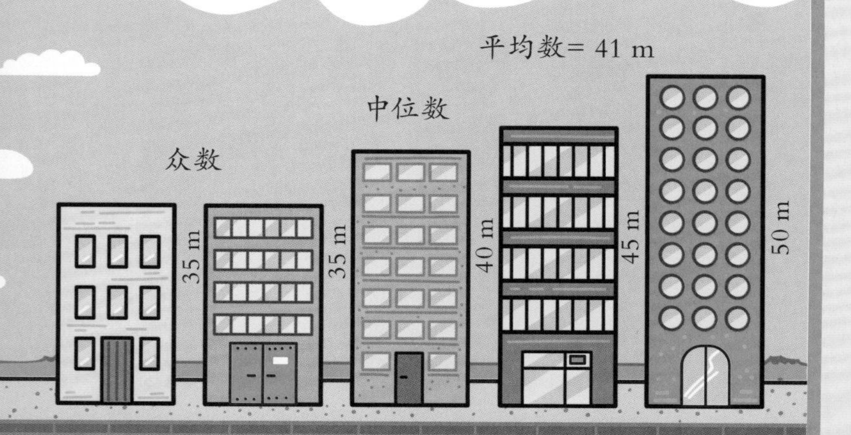

你知道吗？

如何记住不同类型的平均值

中位数就是中间的那个数。

众数取“众多”的意思，就是出现次数最多的数。

剩下一个就是平均数了。

探索加油站

注意极端值

一般情况下，一组数的平均数可以作为衡量其他数字的标准。但是我们应注意，一组数字中的某些特别小或者特别大的极端值，很可能严重影响平均数，但是对中位数的影响却很小。

趣味谜题

奥运会比赛中的平均分

在奥运会体操项目中，运动员的得分就与平均数有关。比赛现场有五位裁判，要对运动员的一套动作分别打分，为了防止出现极端值，一般要去掉一个最高分，去掉一个最低分，剩余三个分数的平均数再加上这套动作的难度分就是这位运动员的最后得分。

下面分别是体操决赛中三位运动员一套动作的难度分和五位裁判的打分，你能算出谁是冠军，谁是亚军，谁是季军吗？

第一位运动员
难度分：5.7
动作分：6.5，7.0，7.5，7.0，6.0

第二位运动员
难度分：6.0
动作分：7.5，8.0，7.5，7.5，7.0

第三位运动员
难度分：5.2
动作分：8.5，9.0，9.5，8.0，9.0

（答案在书后）

了解数据

数据的种类包括很多，例如你在学校的表现，你最喜欢球队的排名，或者你手机中的剩余空间。

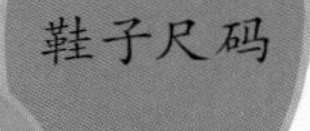

探索开始啦

定性与定量

数据可以分为两大类：定性数据和定量数据。定性数据指的是无法定量的数据，例如喜好、情感、选择和决定等。定量数据例如高度、距离、鞋子尺码和考试分数等。

你知道吗？

离散与连续

数据还可以分为离散数据和连续数据。离散数据指的是一些有限的数值，例如衣服或鞋子的尺码，你见过 10.31246 号的鞋子吗？连续数据可以是任意数值，例如高度、时间或重量等。

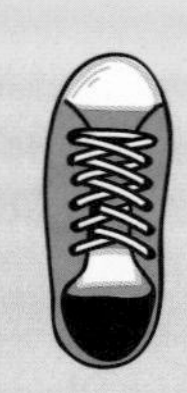

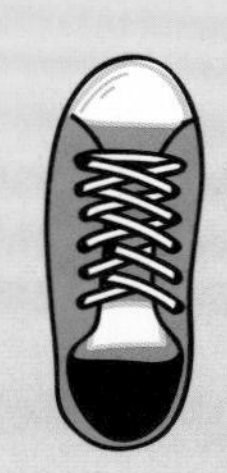

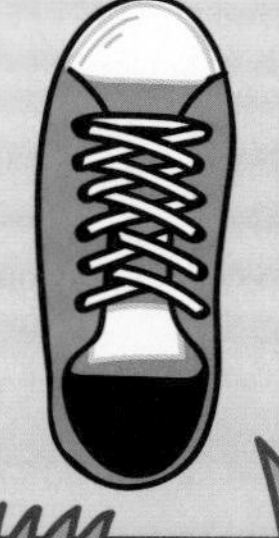

探索加油站

数据分析

当一些杂乱无章的数据摆在你的面前时，你恐怕无法获得什么有用的信息，这时你需要对它们进行数据分析来发现其中隐藏的信息。数据分析的方法有很多，例如你可以对它们进行简单的统计——计算平均数，找出中位数和众数。你也可以做出恰当的信息图表让读者更容易理解。

探索开始啦

大数据

“大数据”的概念目前非常流行，我们周边的许多设备，例如手机或平板电脑，在不间断地搜集数据，并将其同步到一个巨大的数据库。通过分析这些数据，就可能发现个人习惯和各种变化趋势。

南丁格尔

弗洛伦斯·南丁格尔（1820—1910）是一位英国护士，她在克里米亚战争（1853—1856）期间护理伤员，并直接影响到战场医疗的改善和护理制度的诞生。她通过统计数据和画图表的方式挽救了许多士兵的生命。

趣味谜题

数据天平

看看下面的天平和砝码。将带有定量标签的砝码放在天平的左侧，将带有定性标签的砝码放在右侧，每一个砝码的重量相同，如果将所有的砝码都放在天平上的话，天平会向哪边倾斜？

（答案在书后）

概率

明天下雨的可能性有多大？你最喜欢的歌手可能在下周的流行歌曲榜单上位列榜首吗？我们生活中所谓的“可能”在数学上属于概率的范畴。

探索开始啦

从不可能到必然

一个事件发生的可能性是从不可能到必然，或是二者之间的一个概率。数学家们将不可能发生的概率定义为 0，必然发生的概率定义为 1，因此一个事件发生的概率是 0 到 1 之间的某个数字。

你知道吗？

概率的表述方式

概率除了用小数表示以外，还可以用分数或百分数来表示，例如一个事件发生的概率是 0.25，这个概率也可以写成 1/4 或是 25%。

探索加油站

多个事件的概率

现在如果将两个独立事件的概率组合在一起，需要涉及“和 / 或”原则。如果你现在期望事件 A 和事件 B 都发生，则需要将它们发生的概率相乘。例如现在投硬币，每投一次，正面出现的概率是$\frac{1}{2}$，反面出现的概率是$\frac{1}{2}$。现在你要求两次投硬币都是反面的概率，则需要将二者相乘：$\frac{1}{2}\times\frac{1}{2}=\frac{1}{4}$。

你现在期望事件 A 或事件 B 发生，则需要将它们发生的概率相加。依然是投硬币，现在你要求一次投硬币出现正面或反面的概率，需要将二者相加 $\frac{1}{2}+\frac{1}{2}=1$。这很容易理解，因为没有其他的可能性，投一次硬币不是正面就是反面，所以这个事件必然发生，概率是 1。

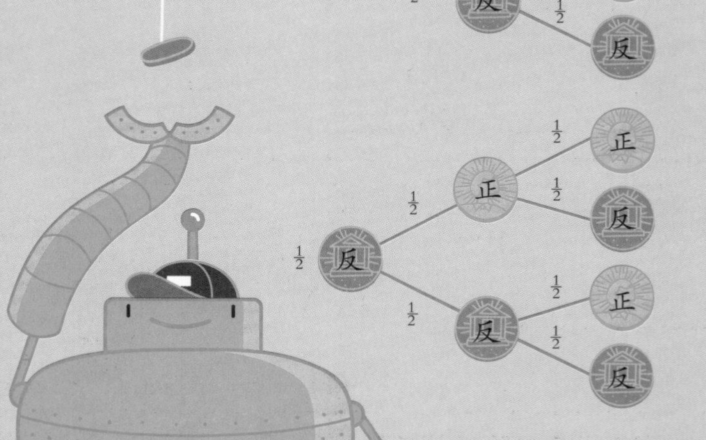

扔色子

扔色子游戏可以使你更好地理解概率。在下面扔色子的游戏中，首先会预设三种可能的点数情况，然后你看看会不会出现你预期的结果。

你需要准备：

- √ 一个色子
- √ 笔
- √ 纸

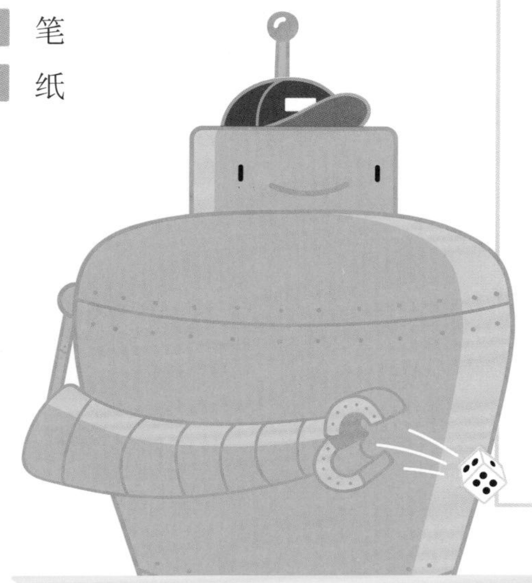

1. 如果你只扔一次色子，首先预设三种可能的点数情况：扔一个6点；扔一个偶数点；扔一个以“F”开头的点数（即4或5点）。然后利用你已经学到的概率知识回答问题。

2. 如果你现在一共要扔50次，那么你预估以上三种情况的点数会分别出现多少次？

扔一个6点	扔一个偶数点	扔一个以“F”开头的点数

3. 实际扔50次色子并分别记录结果，把属于上面三种点数的次数填在表格中。

4. 将实际的结果与你事先预估的结果做比较。

（答案在书后）

为什么会这样？

事实上，即使你计算出来的概率在数学上是准确的，你实际投出50次的结果也有可能与计算结果不符。但是如果你扔色子的次数越来越多，真实的结果会越来越接近你预估出的概率。

有理数和无理数

可以用分数表示的数字称为有理数，不能用分数表示的数字称为无理数。小小数学家们，让我们进一步了解它们吧！

探索开始啦

有理数

2.5是一个有理数，因为它可以写为10÷4。圆周与直径之比——圆周率 π （见第30页）虽然非常接近（22÷7）或是（355÷113），但是 π 却不能写为分数的形式，因此它是一个无理数。

动手做实验

检验 π

事实上，无论圆大与小，圆周与直径之比，即圆周率 π 都是恒定不变的。通过下面的实验来检验一下吧。

你需要准备：

- √ 一些圆形物品（大小不同）
- √ 细绳
- √ 剪刀
- √ 直尺
- √ 笔和纸
- √ 计算器（选用）

1. 首先取一个圆形物品，小心地将细绳围绕在其圆周上。
2. 将一条圆周长的细绳用剪刀剪下，把细绳拉直，用直尺量出其长度，并记录下来。
3. 还是将这段细绳拉直，将其一端固定在圆周上，移动另一端，当其长度最大时就是直径。

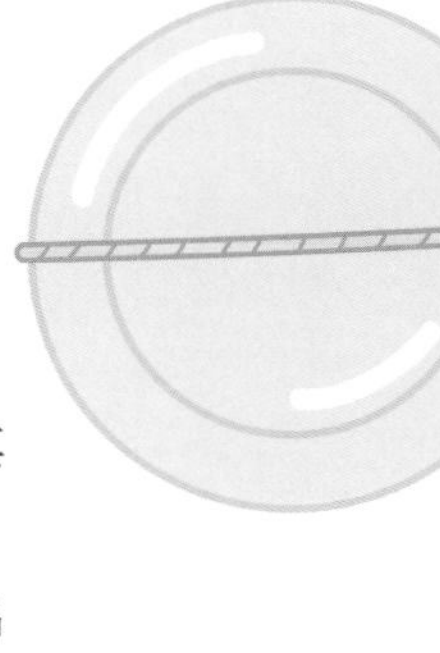

4. 将表示直径长度的细绳剪下来，同样量取其长度并记录下来。
5. 用你测量的圆周长除以直径，看看你计算出来的圆周率是多少，并把结果记录下来。
6. 换几个圆形物体，重复步骤1—5，比较计算结果，你有什么发现？

你知道吗？

古老的秘密

早期古希腊的毕达哥拉斯学派认为“万物皆数”，这里的“数”均是有理数，即可以表示成分数的数字。但是该学派的希帕索斯（Hippasus）首先发现了无理数，却被该学派的狂热分子投入大海淹死了。

趣味谜题

分割数字

下面是一个很有趣的问题，以数字 40 为例。现在需要将其等分成若干份，然后将所有分割后的部分相乘，会得到一个更大的数字，现在要求出这个最大的乘积。

例如，你将 40 四等分，然后有 10×10×10×10=10000。试试其他的等分方法，看看是否能得到更大的乘积。你得到的最大的乘积是多少呢？

探索加油站

黄金比例

另一个著名的无理数就是黄金比例，它通常用希腊字母 φ（phi）来表示，该数值近似等于 1.618。现在有两个数，如果较大的数字与较小的数字之比等于黄金比例，那么这两个数字之和与较大数字之比同样等于黄金比例。换句话说，你可以用如下方法找到黄金比例。现在有一条线段，如果线段上一点将该线段分为不等的两部分，使得整条线段与较长线段之比等于较长线段与较短线段之比，那么该比值即黄金比例。

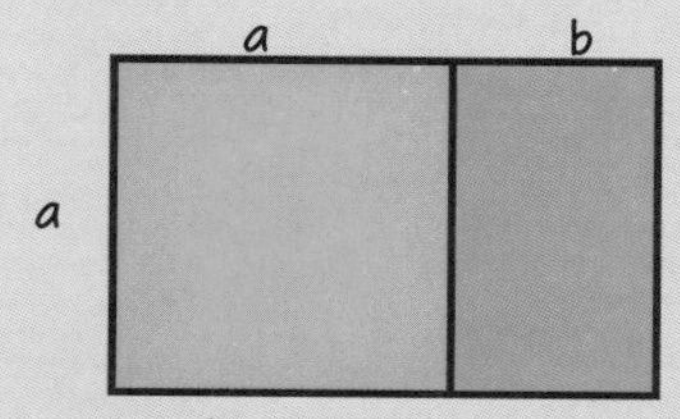

$(a+b) \div a = a \div b = 1.618$

如下图所示，你可以从长宽比等于黄金比例的矩形中分割出一个正方形，剩下的小矩形长宽比仍为黄金比例。如果你连续这样操作几次，并把相邻的正方形对角顶点用曲线连接起来，你看，像不像一个蜗牛的壳？

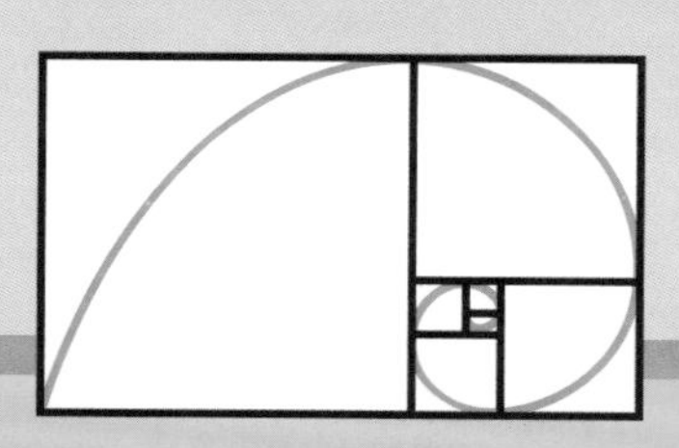

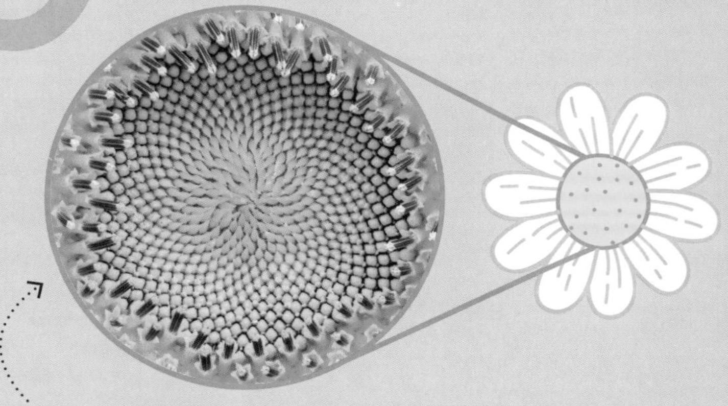

在著名的斐波纳奇数列（详见第 18 页）中同样存在着黄金比例。在这个数列中，每个数字等于前面相邻两个数字之和，如果你将相邻两个数字中的后一个除以前一个，结果近似等于 1.618。

你在自然界也可以找到黄金比例的踪影，例如大家熟悉的向日葵，它的花盘上存在着顺时针和逆时针两组曲线段，而这些曲线段的数量同样是斐波纳奇数列中的数字。

逆时针曲线段的数量为55，这是斐波纳奇数列中的第10个数字

顺时针曲线段的数量为34，这是斐波纳奇数列中的第9个数字

$55 \div 34 = 1.618$

数学是一门语言

事实上，从很多方面看，数学本身就是一门语言，它是源于我们日常语言的一种全球性语言。

探索开始啦

让所有人都能理解

数学语言无处不在。想象一下在一个房间中有四位数学家，他们分别来自日本、尼日利亚、印度和加拿大，他们本身听说读写都是用自己的母语。如果在黑板上有一道用数学语言写的方程问题，他们所有的人都可以理解。这是因为用字母和数码写成的方程本身就是一种通用语言，这些符号对于不同国籍的数学家们表示相同的含义。

你知道吗？

语言的顺序

有些语言是从左向右书写（例如英语），有些语言是从右向左书写（例如阿拉伯语），而有些语言是从上向下书写（例如韩语）。无论母语是哪种书写形式，人们在书写数学语言时都是按照从左向右的顺序进行书写。

探索加油站

翻译

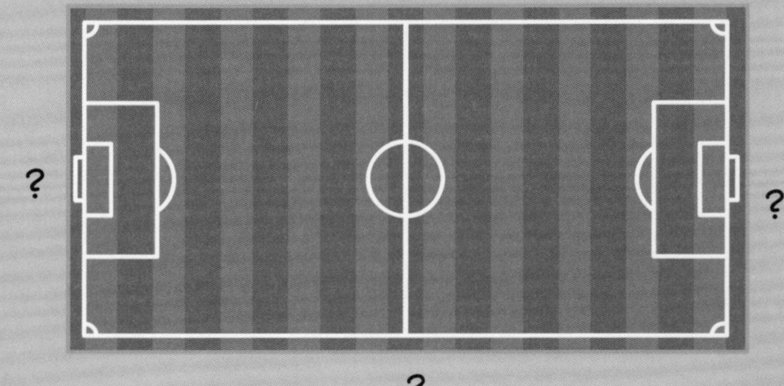

现在想象一下，如果你遇到某段外语，为了理解其含义，你首先需要将它翻译成你的母语。与之类似，现在你遇到一道用日常语言描述的数学题，为了解决它，你首先需要将它翻译成数学语言。例如有一道数学题：一个矩形运动场的长是宽的二倍，其周长是300m，现在要求它的长宽分别是多少。为了解决问题，你首先需要将其翻译为数学语言，或者更为具体地说是——方程。

我们可以将其写为：L（长）=2W（宽）且2L+2W=300。

我们可以将第一个方程代入第二个方程得到2L+L=300，3L=300，得到L=100。如果L=100，则W为其一半，即50。

你知道吗？

数学语言中的字母

我们已经知道字母 x、y 和 z 可以表示问题中的未知数，进而可以用来书写方程（见第 70—71 页）。同时，字母可以表示图形中的点，数字用数字符号表示，而非我们的母语。有了这些字母和数字符号，数学语言就变成了一种人人都容易理解的全球性语言，这对于那些进行商贸活动的人来说至关重要。另外还应注意公制计量单位和英制计量单位的区别。下面让我们走进一家生产垫子的机器人工厂……

这些机器人生产的垫子是为那些过敏症患者或其他疾病患者准备的。垫子工厂之所以用机器人来代替人工生产，是由于机器人更廉价且无菌，这样可以生产出便宜且干净安全的垫子。

每一个机器人需要测量垫子不同位置的长度。电脑程序可以使机器人在测量的时候采用适当的压力，这样可以保证测量精准！

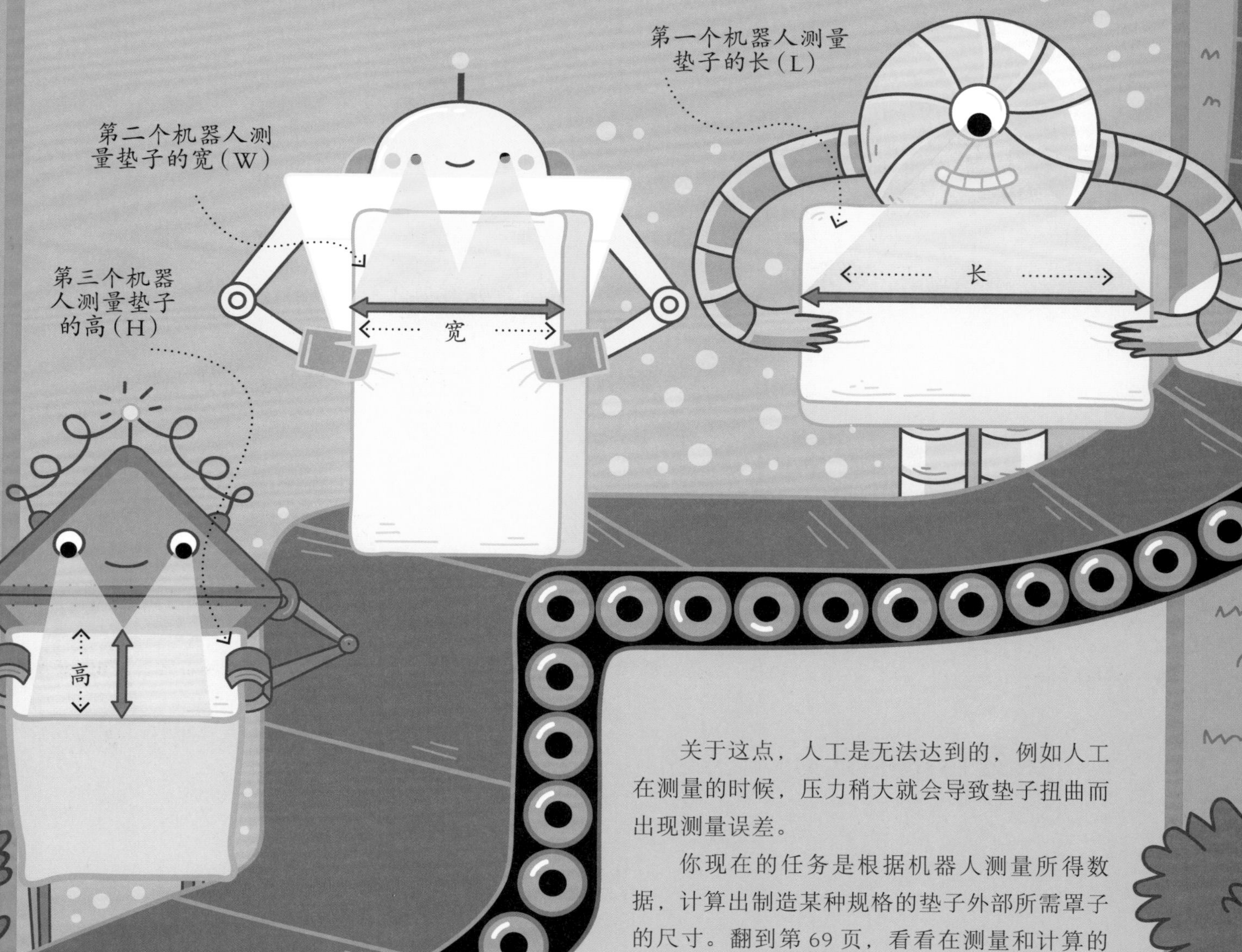

关于这点，人工是无法达到的，例如人工在测量的时候，压力稍大就会导致垫子扭曲而出现测量误差。

你现在的任务是根据机器人测量所得数据，计算出制造某种规格的垫子外部所需罩子的尺寸。翻到第 69 页，看看在测量和计算的过程中是如何使用数学语言进行表述的吧！

函数

在数学中，函数是一个集合中的数字与另一个集合中数字的某种对应关系。你可以把它看作是一个小小的数字工厂，输入某些数字，便会输出某些数字，但是对于每一个输入的数字，仅有一个输出的数字。

探索加油站

函数的表达式

函数通常写为f(x)=。例如现在有一个函数f(x)=2x+1，则对于每一个输入的数字x，都会对应一个输出的结果，此时x称为自变量。如果一个函数有多个自变量，此时需要在函数表达式等号左侧的括号中体现出来，例如函数f（x，y）=2x+3y。

你知道吗？

电脑程序中的函数

编写计算机程序代码是一项重要的技能，无论在今天还是在将来，许多工作都需要这项技能。数学中的函数与编写程序代码非常相似，同样是输入某些指令，然后输出一些有用的数据。

机器人垫子工厂的挑战

现在让我们回过头来看看第 67 页繁忙的机器人垫子工厂。你试一试能不能通过数学语言进行罩子尺寸的计算。

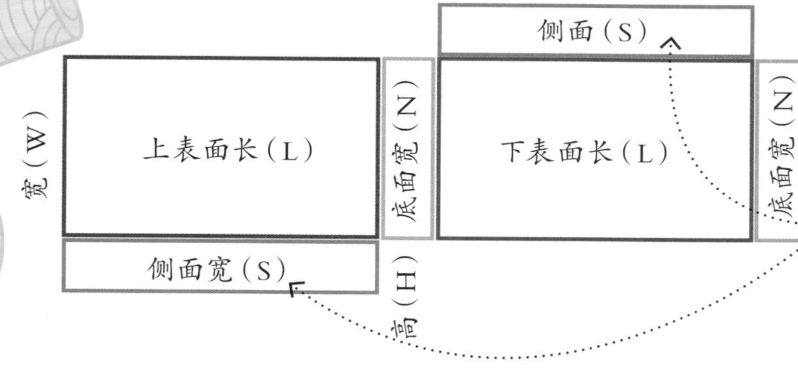

垫子长 L=40cm

底面宽 N（也是垫子高 H）=8cm

舒展宽度 Z=2cm

垫子宽 W=24cm

侧面宽 S=8cm

缝头 M=1cm

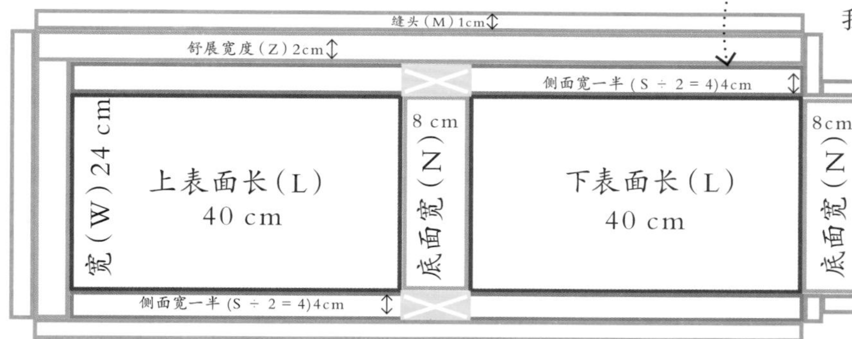

罩子布料的面积就是总长度 × 总宽度：

总长度 =2L+2N+1Z+2M

总宽度 =1W+1S+1Z+2M

现在你能计算出一个罩子所需布料的面积是多少吗？

你需要知道：

· 为了计算罩子所需布料的面积，你首先需要知道垫子的长（L）、宽（W）、高（H）。

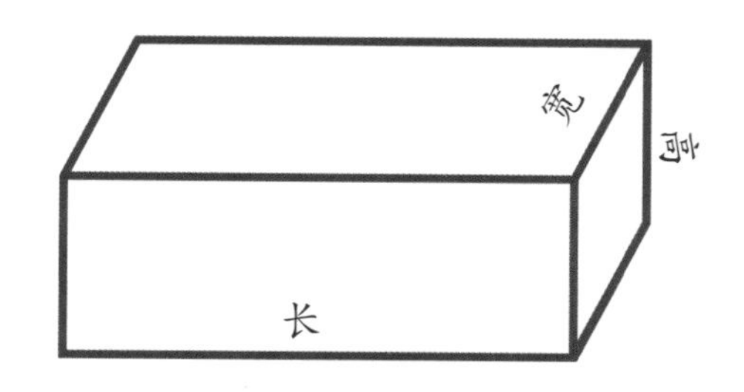

· 一个罩子所需的布料，由一个上表面、一个下表面、两个侧面和两个底面构成，然后把它缝合起来。

· 如果你将一个与垫子相同的长方体的表面展开，便可以很容易地观察罩子的形状。但是由于展开的方式有很多种，所以也会有多种展开形状。但是无论哪种展开方式，罩子所需布料总长度是一个上表面的长（L）加上一个底面的宽（N），也就是原垫子的高，然后再加上一个下表面的长（L）和一个底面的宽（N）；总宽度是一个上表面的宽（W）再加上两个侧面的宽的一半（S ÷ 2）。

· 此时你会发现罩子展开图中的两个侧面一个位于上面，另一个位于下面，为了便于运算，我们将上下侧面的宽度各取原来的一半，这样可以补全为一个矩形。

· 为了使罩子的布料不至于太紧而撕裂，我们在上述矩形布料的长宽方向各增加 2cm 作为舒展宽度。

· 另外，为了能将罩子缝在垫子上，还需要在上述布料的四周再增加 1cm 的缝头。

（答案在书后）

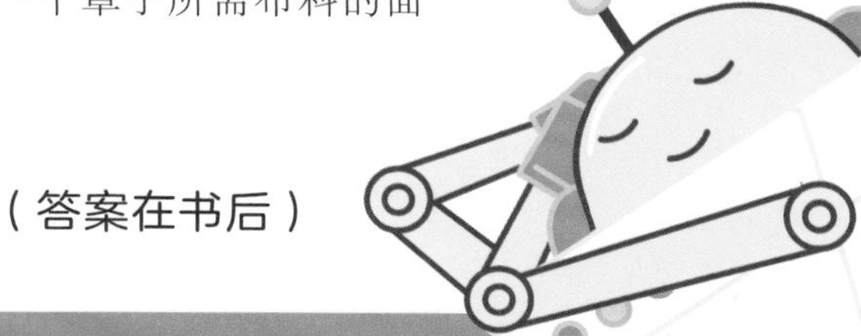

代数与公式

从数学语言角度看，代数学表现为用字母来代替未知数。

探索开始啦

利用字母

在代数学中用字母来代替未知数，那么我们为什么不用空位来代替未知数呢？其实很简单，大家想一想，题中如果有两个未知数，例如现在求解方程 $x+y+3=6$，其中 x 和 y 都是未知数，如果用空位来表示未知数，这样你很容易将两个未知数弄混而无法分辨。

探索加油站

变量

字母不仅可以表示未知数，还可以用来表示变量。假如你现在是一个小货摊的摊主，你在售卖柠檬水（L）和热狗（H）。其中柠檬水 5 元一杯，热狗 7.5 元一个，这样可以将你的销售额写为公式：$5L+7.5H=M$。你每天卖出商品的数量可能不同，但是只要你把销售柠檬水和热狗的数量分别代入上述公式，这样就可以求出你的销售额 M 的数目。

5元

7.5元

$5L + 7.5H = M$

例如 $5 \times 4 + 7.5 \times 7 = 72.5$（元）

探索加油站

解代数方程

如何求解用字母表示的未知数的值呢？首先你需要将其视为一个已知量，同时参与方程两侧的加减乘除等的化简运算。例如现在求解方程 x+8=12。

首先原方程相当于在 x 上加上数字 8，因此为了求出 x，你需要在原方程两侧进行逆运算。

在方程的左侧减去数字 8，这样就可以得到 x。但同时你要在方程的右侧进行相同的操作，因此有：x+8-8=12-8，所以 x=12-8，得到 x=4。

动手做实验

直角检验

你需要准备：

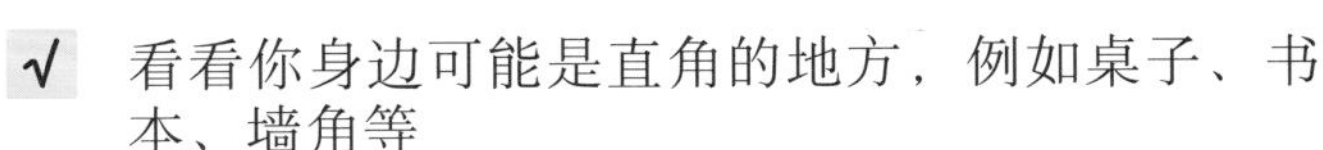

- √ 看看你身边可能是直角的地方，例如桌子、书本、墙角等
- √ 直尺
- √ 笔
- √ 纸
- √ 纸板盒
- √ 胶带
- √ 一张比纸板盒大的纸

在下面的数学实验中，你将运用毕达哥拉斯定理（勾股定理）来检验你身边的角度是否为直角。

你需要知道：

如图所示，毕达哥拉斯定理指的是在任意直角三角形中有 $a^2+b^2=c^2$。如果一个三角形中三边长度满足上面的关系，那么它一定是直角三角形。

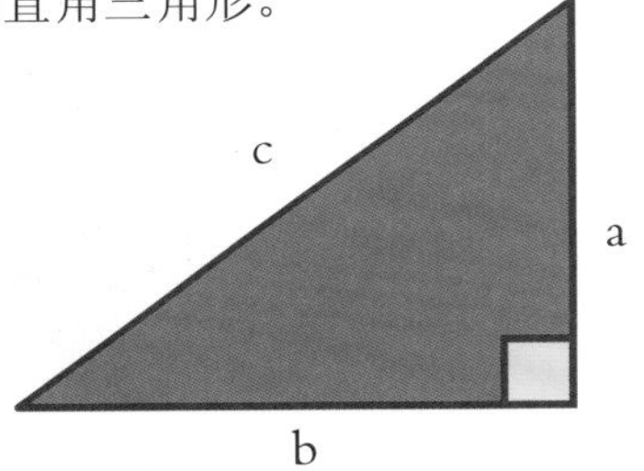

1. 首先测量一个三角形的两条直角边和一条斜边的长度并记录在纸上。
2. 然后检验一下这三边的长度是否满足毕达哥拉斯定理，即边 a 的平方加上边 b 的平方是否等于边 c 的平方。
3. 如果满足上述条件，那么你所测量的三角形一定是直角三角形。
4. 接下来把你准备的纸板盒拿出来，把它的一个底面剪掉。测量底面的边长与对角线的长度，并用上述公式检验该角是否为直角。
5. 将去掉底面的长方体纸板盒挤压，使其侧面的夹角看起来并不是直角。取出比纸板盒大的纸，在纸上标出所测角三条边的长度，用直尺测量后运用毕达哥拉斯定理来检验该角是否为直角。

二进制与计算机

想想我们的世界如果没有计算机会变成什么样子，事实上我们已经完全离不开它了。

探索开始啦

二进制

计算机记数的方式与人类不同。我们通常采用十进制记数，需要0到9这十个数码的组合，而计算机是二进制，仅仅需要0和1这两个数码就足够了。二进制的英文为“binary digits”，这也就是“比特”（bits）一词的由来。二进制记数同样首先从0开始，然后是1，但是1之后是多少呢？想想在十进制记数法中，当数到9之后就需要新的数位，二进制同样如此，答案就在下面的数表中。

十进制记数系统

10^4	10^3	10^2	10^1	10^0
10000	1000	100	10	1
0	0	0	5	9

$5 \times 10 + 9 \times 1 = 59$

二进制记数系统

2^5	2^4	2^3	2^2	2^1	2^0
32	16	8	4	2	1
1	1	1	0	1	1

$(1 \times 32) + (1 \times 16) + (1 \times 8) + (1 \times 2) + (1 \times 1) = 59$

十进制记数	二进制记数
0	0
1	1
2	10
3	11
4	100
5	101
6	110

乔治·布尔

乔治·布尔（1815—1864）是一位英国数学家，他首创了二进制记数系统下的代数运算法则。

你知道吗？

位及字节组

计算机存储信息的最基本单位是比特。8比特等于1个字节（byte），也就是一个英文字母的存储单位。1024字节等于1千字节（KB），1024KB等于1兆字节（MB），1024MB等于1吉字节（GB），1024GB等于1太字节（TB），1024TB等于1拍字节（PB）。

1比特

0 1 0 0 0 0 0 1

8比特 = 1字节

阿达·洛芙莱斯

阿达·洛芙莱斯（1815—1852）是一位英国数学家，她被公认为是世界上第一位电脑程序员。

动手做实验

探索二进制

在这个动手做实验中把你的英文名字拼出来，然后找出对应字母的二进制代码。

你需要准备：

√ 笔　　√ 纸

1. 我们来看一看美国信息交换标准代码表（ASCII CODE），它是现今通用的字节编码系统。
2. 然后看一看这些二进制代码所对应的数值大小，例如字母A的二进制代码等于十进制的65。
3. 仿照下面的9列表格，多增加几行，把你英文名字中的每一个字母按照顺序写进去。把每一个字母对应的二进制代码写进去，然后计算一下每个字母对应数值的大小。

	128	64	32	16	8	4	2	1
A	0	1	0	0	0	0	0	1

(1 X 64) + (1 X 1) = 65

字母	二进制代码
A	01000001
B	01000010
C	01000011
D	01000100
E	01000101
F	01000110
G	01000111
H	01001000
I	01001001
J	01001010
K	01001011
L	01001100
M	01001101
N	01001110
O	01001111
P	01010000
Q	01010001
R	01010010
S	01010011
T	01010100
U	01010101
V	01010110
W	01010111
X	01011000
Y	01011001
Z	01011010

推理和证明

在我们的日常生活中，证明某些事情的正确性往往是比较困难的。数学的魅力就在于你可以用推理的方法对某些结论进行不可辩驳的证明。

探索开始啦

如何证明

任取一个正整数，算出其平方，然后从中减去原来的数字，你会发现结果总是偶数。你能不能证明这一点？但是注意，你不可能将所有的正整数都试着计算一遍。

让我们首先从偶数开始证明。将偶数平方，结果还是偶数。从乘积中减去原来的偶数，结果仍然是偶数。也就是说对于任意的偶数，上述结论永远是成立的。

现在我们看一下奇数。将任一奇数平方，结果仍然为奇数，从中减去另一个奇数，得到的差为偶数。也就是说对于任意的奇数，上述结论同样成立。由于所有的正整数不是奇数就是偶数，所以原结论成立。

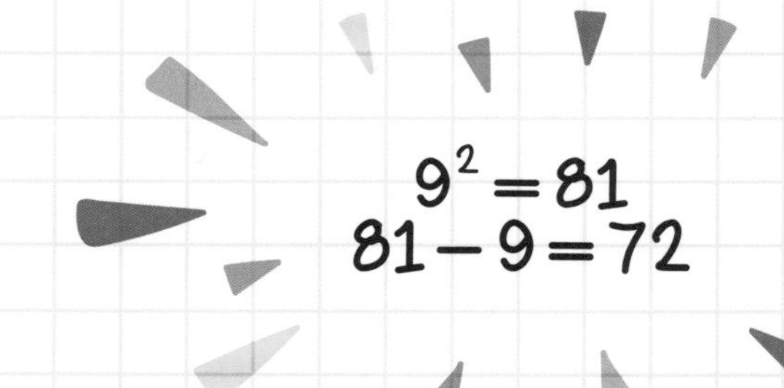

这样我们就用逻辑推理的方法证明了所有正整数的平方减去原来的数字，所得的差是偶数。

你知道吗？

没有尽头的质数

古希腊数学家欧几里得开创了逻辑推理和证明的先河，他首先证明了质数（第 14 页）是无穷的，就是质数可以一直大下去而没有尽头。

探索开始啦

费马大定理

我们在前面已经学习过毕达哥拉斯定理（详见第 38 页），即在任意直角三角形中 $a^2+b^2=c^2$ 成立。但是如果指数 n 是大于 2 的整数，等式 $a^n+b^n=c^n$ 还成立吗？换句话说，当整数 $n>2$ 时，关于 x，y，z 的方程 $x^n+y^n=z^n$ 有没有正整数解？ 1637 年，法国数学家皮埃尔·德·费马（Pierre de Fermat，1601—1665）指出上述等式不成立，这就是著名的费马大定理，但是他并没有给出证明。直至 1995 年，英国数学家安德鲁·怀尔斯（Andrew Wiles）才证明了费马大定理是正确的。

趣味谜题

侦探的挑战

每当你用推理的方法求解问题时，你就像侦探一样。事实上逻辑和推理的方法在我们的生活中大有用处，例如在法庭上、在科学实验中、在购物时，甚至你还可以猜出电影的结局，逻辑推理无处不在。但有的时候问题太复杂了，仅用脑子是很难想清楚的，这时你需要借助笔和纸把相关的线索写下来，甚至需要列一些数学图标帮你理清思路。

看看下面的谜题，你需要利用已知的线索弄清楚每一个学生选择哪一种职业，他们分别会参加哪一个主题的露营活动。在下面的表格中你可以根据提示画上“√”或“×”，这样有助于你得出答案。

线索：

1. 三个学生分别要参加音乐主题露营、运动主题露营和游戏主题露营。
2. 三个学生的理想分别是成为科学家、工程师和数学家。
3. 玛丽想成为科学家。
4. 凯西不会选择游戏主题露营。
5. 想成为工程师的那个学生会参加音乐主题露营。
6. 选择运动主题露营的学生不想成为科学家。
7. 凯西很擅长解代数方程。

	玛丽	罗宾	凯西
科学家	√	X	X
工程师	X		
数学家	X		
音乐主题露营			
运动主题露营			
游戏主题露营			

（答案在书后）

术语表

代数（Algebra）

数学的一个分支，用字母或其他符号来代替数字。

过敏（Allergy）

人体对一些外界物质，例如对某些食物的不良反应。

底数（Base）

记数系统的基础。例如我们的记数系统以10为底，即在数到9之后，需要增加新的数位同时重新利用已有的数字，按照10，11，12…的规律继续下去。

微积分（Calculus）

数学的一个分支，主要处理变量和函数的运算。

种类（Category）

当物品被整理分类时一组相似的物品。例如我们可以将动物分成许多不同的种类，其中包括鸟类、哺乳动物、鱼类和爬行动物。

货币（Currency）

金钱单位系统，每个国家都有自己的货币。

水坝（Dam）

建在河流之上起调节水流作用的水利工程建筑物。

数据（Data）

信息的集合。例如一组人的身高，或者是你所住公寓每一位邻居的姓名。

数码（Digit）

单个的数字符号：0，1，2，3，4，5，6，7，8或9。

维度（Dimensional）

构成空间的每一个因素（如长、宽、高）叫作一维，例如直线是一维图形，平面是二维图形，一个立体图形是三维图形。

工程师（Engineer）

设备、机械、建筑物等的设计、建造和维护人员。

方程（Equation）

含有未知数的等式。

偶数（Even Number）

能够被2整除的整数。例如4，6，8等。

公式（Formula）

在数学中计算某些量的特定方法和程序。例如你可以利用公式“长×宽”来计算矩形的面积。

几何（Geometry）

数学的一个分支，主要研究点、线、面、体等图形的性质。

指数（Indices/Index）

在一个乘方中某一数字自乘的次数。例如2^4的指数为4，指的是2与自身相乘4次，相当于2×2×2×2。

等腰三角形（Isosceles Triangle）

两条边相等的三角形叫作等腰三角形，两腰所对两底角相等。

逻辑（Logic）

利用推理和仔细的思考去理解某物或解决问题。

奇数（Odd Number）

不能被2整除的整数。例如5，7，9等。

哲学家（Philosopher）

那些试图通过思考和推理来解决问题的人。哲学家通常思考那些无法通过科学实验得到答案的问题，例如：某些行为永远是有害的吗？动物们有权力吗？

电话塔（Phone Tower）

像杆子或塔这样较高的建筑物，用来发射和接收电话信号。

物理（Physics）

研究能和力的学科。

水库（Reservoir）

大型拦洪蓄水和调节水流的水利工程建筑物，可以用来灌溉、发电、防洪和养鱼。

罗马数字（Roman Numerals）

古代罗马人的书写数字系统。例如数字1用“I”表示，5用“V”表示，10用“X”表示，100用“C”表示等，其他数字用上述这些字母按照一定的规律重复排列来表述。

统计（Statistics）

一个数学分支，主要包括数据的收集、分析和解释。

调查（Survey）

通过询问他人问题或测量来获得数据的一种方法，然后通过数据统计来获取结论。例如你可以询问你的班级每一位同学家中饲养宠物的情况，然后看看饲养数量最多的宠物是哪种。

土地测量（Surveying）

对土地进行某些科学调查。

计量单位（Unit of Measurement）

一系列被定义为计量标准的量，例如米、英尺、磅等。

变量（Variable）

在用数学语句表述中会发生变化的量。例如圆的直径等于其半径×2，这对于任意圆均成立，此时“半径”便可以被视为变量。

风力发电机（Wind Turbine）

通过风力驱动叶片而产生电能的机械装置。

参考答案

第 8—9 页　加法和减法

用计算器求和

107+282+215=HOG（猪）
88+161+89=BEE（蜜蜂）
27432+7574=GOOSE（鹅）
199+198+197+139=EEL（鳗鱼）

第 10—11 页　乘法和除法

乘法运算中的“回文”

结果为回文的运算有：
143×7=1001
407×3=1221
33×11=363

第 14—15 页　质数和幂

找出 50 以内的所有质数

2，3，5，7，11，13，17，19，23，29，31，37，41，43，47

第 20—21 页　有趣的分数

分数迷宫

通过迷宫的路线是：$\frac{2}{16}$，$\frac{1}{6}$，$\frac{1}{3}$，$\frac{1}{2}$，$\frac{4}{5}$，$\frac{8}{9}$

第 28—29 页　钱与利息

硬币游戏

第一个钱袋放1枚硬币，第二个钱袋放2枚硬币，第三个钱袋放4枚硬币，第四个钱袋放8枚硬币。

商品价值1元=第一个钱袋

商品价值2元=第二个钱袋

商品价值3元=第二个钱袋+第一个钱袋

商品价值4元=第三个钱袋

商品价值5元=第三个钱袋+第一个钱袋

商品价值6元=第三个钱袋+第二个钱袋

商品价值7元=第三个钱袋+第二个钱袋+第一个钱袋

商品价值8元=第四个钱袋

商品价值9元=第四个钱袋+第一个钱袋

商品价值10元=第四个钱袋+第二个钱袋

商品价值11元=第四个钱袋+第二个钱袋+第一个钱袋

商品价值12元=第四个钱袋+第三个钱袋

商品价值13元=第四个钱袋+第三个钱袋+第一个钱袋

商品价值14元=第四个钱袋+第三个钱袋+第二个钱袋

商品价值15元=第四个钱袋+第三个钱袋+第二个钱袋+第一个钱袋

想要它！想要它！那就去存款！

如果你在银行账户中存入500元，年利率是2.5%，存期10年，你最后会得到125元利息。

强盗谜题

店主一共损失100元。

第 32—33 页　周长、面积与体积

地球移动的速度有多快？

（2×π×149600000）÷8766=107,228km/h

生日蛋糕

周长相同的平面图形中，圆的面积最大。

第 36—37 页　奇妙的三角形

棘手的三角形

三角形的个数为35。

第 38—39 页　毕达哥拉斯定理与三角学

毕达哥拉斯定理的应用

最长的边上会有5个点。

第 40—41 页　二维图形

奇妙的角

三角形的数目比边数少2，即若n边形被分割后得到三角形的数目为n−2。求正n边形每一个内角度数的公式为[(n−2)×180]÷n，所以正五边形每一个内角为108°，正六边形每一个内角为120°。一个十二边形可以被分割为10个三角形，一个九十边形可以被分割为88个三角形。

第 42—43 页　平面镶嵌

寻找半正则镶嵌

半正则镶嵌的图案有：

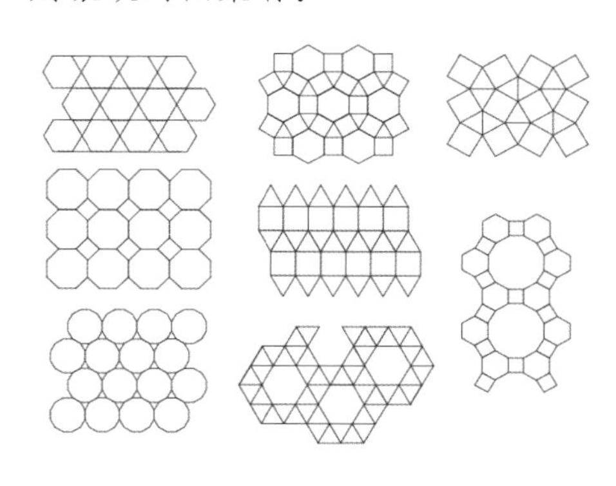

第 48—49 页　几何变换

全等图形

三对全等图形如图所示：

第 52—53 页　坐标

寻找恐龙蛋

恐龙蛋藏在（10，3）。正确的路径是4：（0，2），（3，4）（4，4）（5，3）（10，3）。

第 54—55 页　统计图表

宠物扇形统计图

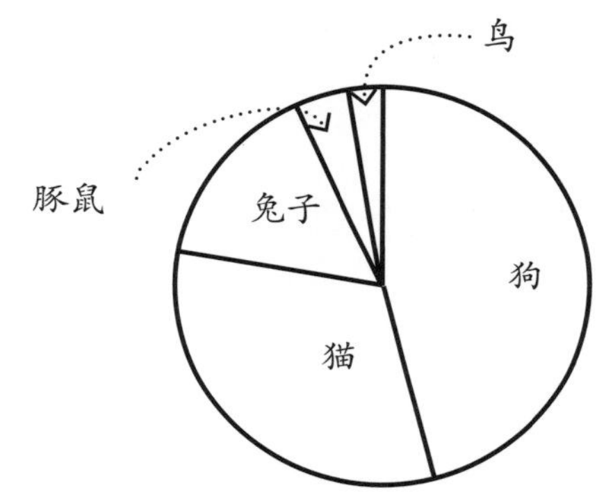

第 56—57 页　韦恩图与集合论

两栖动物

重合的部分表示两栖动物，例如：青蛙、蟾蜍、蝾螈、蚓螈。

用数学语言表述为：陆生动物∩水生动物={青蛙，蟾蜍，蝾螈，蚓螈}。

第 58—59 页　平均数

奥运会比赛中的平均分

第一位运动员是季军，得分为12.5分；
第二位运动员是亚军，得分为13.5分；
第三位运动员是冠军，得分为14.0分。

第 60—61 页　了解数据

数据天平

天平向左侧倾斜。

第 62—63 页　概率

扔色子

扔一个6点的概率是1/6；
扔一个偶数点的概率是1/2；
扔一个以“F”开头的点数的概率是2/6，即1/3。

第 68—69 页　函数

机器人垫子工厂的挑战

总长度=（2×40=80）+（2×8=16）+（1×2=2）+（2×1=2）=100cm

总宽度=（1×24=24）+（1×8=8）+（1×2=2）+（2×1=2）=36cm

第 74—75 页　推理和证明

侦探的挑战

玛丽想成为一位科学家，她选择了游戏主题露营；
罗宾想成为一位工程师，他选择了音乐主题露营；
凯西想成为一位数学家，他选择了运动主题露营。